中国河流泥沙公报

2018

中华人民共和国水利部　编著

中国水利水电出版社
www.waterpub.com.cn
·北京·

图书在版编目（ＣＩＰ）数据

中国河流泥沙公报. 2018 / 中华人民共和国水利部
编著. — 北京 : 中国水利水电出版社，2019.5
ISBN 978-7-5170-7734-3

Ⅰ．①中… Ⅱ．①中… Ⅲ．①河流泥沙－研究－中国
－2018 Ⅳ．①TV152

中国版本图书馆CIP数据核字(2019)第103714号

审图号：GS（2019）2428号

责任编辑：王志媛

书　　　名	中国河流泥沙公报 2018 ZHONGGUO HELIU NISHA GONGBAO 2018
作　　　者	中华人民共和国水利部 编著
出 版 发 行	中国水利水电出版社
	（北京市海淀区玉渊潭南路 1 号 D 座　100038）
	网址：www.waterpub.com.cn
	E-mail：sales@waterpub.com.cn
	电话：（010）68367658（营销中心）
经　　　售	北京科水图书销售中心（零售）
	电话：（010）88383994、63202643、68545874
	全国各地新华书店和相关出版物销售网点
排　　　版	中国水利水电出版社装帧出版部
印　　　刷	北京博图彩色印刷有限公司
规　　　格	210mm×285mm　16 开本　5 印张　150 千字
版　　　次	2019 年 5 月第 1 版　2019 年 5 月第 1 次印刷
印　　　数	0001—1800 册
定　　　价	48.00 元

1.《中国河流泥沙公报》（以下简称《泥沙公报》）中各流域水沙状况系根据河流选择的水文控制站实测径流量和实测输沙量与多年平均值的比较确定。

2. 河流中运动的泥沙一般分为悬移质（悬浮于水中向前运动）与推移质（沿河底向前推移）两种。目前推移质测站较少，其数量较悬移质少得多，故《泥沙公报》中的输沙量一般是指悬移质部分，不包括推移质。

3.《泥沙公报》中描写河流泥沙的主要物理量及其定义如下：

流　　量——单位时间内通过某一过水断面的水量（立方米／秒）；

径 流 量——一定时段内通过河流某一断面的水量（立方米）；

输 沙 量——一定时段内通过河流某一断面的泥沙质量（吨）；

输沙模数——单位时间单位流域面积产生的输沙量[吨／（年·平方公里）]；

含 沙 量——单位体积水沙混合物中的泥沙质量（千克／立方米）；

中数粒径——泥沙颗粒组成中的代表性粒径（毫米），小于等于该粒径的泥沙占总质量的50%。

4. 河流泥沙测验按相关技术规范进行。一般采用断面取样法配合流量测验求算断面单位时间内悬移质的输沙量，并根据水、沙过程推算日、月、年等的输沙量。同时进行泥沙颗粒级配分析，求得泥沙粒径特征值。河床与水库的冲淤变化一般采用断面法测量与推算。

5. 我国地形测量中使用了不同的基准高程，如1985国家高程基准、大沽高程等。《泥沙公报》中除专门说明者外，均采用1985国家高程基准。

6. 本期《泥沙公报》的多年平均值除另有说明外，一般是指1950—2015年实测值的平均数值。如实测起始年份晚于1950年，则取实测起始年份至2015年的平均值；近10年平均值是指2009—2018年实测值的平均数值；基本持平是指本年度径流量和输沙量的变化幅度不超过5%。

7. 本期《泥沙公报》发布的泥沙信息不包含香港特别行政区、澳门特别行政区和台湾省的河流泥沙信息。

8. 本期《泥沙公报》参加编写单位为长江水利委员会、黄河水利委员会、淮河水利委员会、海河水利委员会、珠江水利委员会、松辽水利委员会、太湖流域管理局的水文局，北京、天津、河北、内蒙古、山东、黑龙江、辽宁、吉林、新疆、甘肃、陕西、河南、湖北、安徽、湖南、浙江、江西、福建、云南、广西、广东、青海等省（自治区、直辖市）水文（水资源）（勘测）局（中心、总站）。

《泥沙公报》编写组由水利部水文司、水利部水义水资源监测预报中心、国际泥沙研究培训中心与各流域机构水文局有关人员组成。

编写说明

综　述

　　本期《泥沙公报》的编报范围包括长江、黄河、淮河、海河、珠江、松花江、辽河、钱塘江、闽江、塔里木河和黑河等 11 条河流及青海湖区。内容包括河流主要水文控制站的年径流量、年输沙量及其年内分布，重点河段冲淤变化，重要水库冲淤变化和重要泥沙事件。

　　本期《泥沙公报》所编报的主要河流代表水文站 2018 年总径流量为 12560 亿立方米（表 1），较多年平均年径流量 13970 亿立方米偏小 10%，较近 10 年平均年径流量 13670 亿立方米偏小 8%，较 2017 年径流量减小 14%；代表站总输沙量为 4.96 亿吨，较多年平均年输沙量 15.1 亿吨偏小 67%，较近 10 年平均值 3.50 亿吨偏大 42%，较 2017 年输沙量增大 62%。其中，2018 年长江和珠江代表站的径流量分别占代表站总径流量的 64% 和 19%；长江和黄河代表站的年输沙量分别占代表站总输沙量的 17% 和 75 %；2018 年黄河和塔里木河代表站平均含沙量较大，分别为

表 1　2018 年主要河流代表水文站与实测水沙特征值

河　流	代表水文站	控制流域面积（万平方公里）	年径流量（亿立方米）			年输沙量（万吨）		
			多年平均	近 10 年平均	2018 年	多年平均	近 10 年平均	2018 年
长　江	大　通	170.54	8931	8852	8028	36800	12200	8310
黄　河	潼　关	68.22	335.5	259.1	414.6	97800	16600	37300
淮　河	蚌埠＋临沂	13.16	280.9	227.4	312.8	1040	305	373
海　河	石匣里＋响水堡＋张家坟＋下会＋观台＋元村集	8.40	38.17	14.02	14.12	2540	58.1	20.8
珠　江	高要＋石角＋博罗	41.52	2821	2737	2447	6720	2170	1010
松花江	佳木斯	52.83	634.0	602.9	716.3	1250	1210	1160
辽　河	铁岭＋新民	12.64	31.29	24.68	11.38	1420	156	50.9
钱塘江	兰溪＋诸暨＋上虞东山	2.43	220.5	240.3	148.3	289	370	79.3
闽　江	竹岐＋永泰（清水壑）	5.85	573.4	599.7	344.1	599	263	49.0
塔里木河	阿拉尔＋焉耆	15.04	71.91	75.93	68.49	2150	1460	1050
黑　河	莺落峡	1.00	16.32	20.45	20.10	199	99.8	66.1
青海湖	布哈河口＋刚察	1.57	11.15	18.88	30.64	44.8	76.5	160
合　计		393.21	13970	13670	12560	151000	35000	49600

9.00 千克／立方米和 1.53 千克／立方米，其他河流代表站平均含沙量均小于 0.522 千克／立方米。

长江流域干流主要水文控制站 2018 年实测水沙特征值与多年平均值比较，大通站年径流量偏小 10%，汉口站基本持平，其他站偏大 10%～54%；直门达站和石鼓站年输沙量分别偏大 111% 和 109%，其他站偏小 64%～99%。与近 10 年平均值比较，2018 年大通站径流量偏小 9%，汉口站基本持平，其他站偏大 12%～23%；向家坝、朱沱、汉口和大通各站年输沙量偏小 6%～97%，其他站偏大 21%～74%。与 2017 年比较，2018 年汉口站和大通站径流量分别减小 9% 和 14%，其他站增大 6%～19%；大通站年输沙量减小 20%，其他站增大 13%～997%。2008 年 9 月至 2018 年 12 月，重庆主城区河段累积冲刷量为 0.2073 亿立方米；2002 年 10 月至 2018 年 10 月，荆江河段平滩河槽累积冲刷量为 11.3814 亿立方米。2018 年三峡水库库区淤积泥沙 1.042 亿吨，水库排沙比为 27%；丹江口水库库区淤积泥沙 183 万吨，水库排沙比接近 0；溪洛渡水库库区淤积泥沙 7668 万立方米。

黄河流域干流主要水文控制站 2018 年实测水沙特征值与多年平均值比较，各站年径流量偏大 14%～51%；唐乃亥站和兰州站年输沙量分别偏大 77% 和 52%，头道拐站基本持平，其他站偏小 52%～62%。与近 10 年平均值比较，2018 年各站径流量和输沙量分别偏大 38%～87% 和 100%～331%。与 2017 年比较，2018 年各站径流量和输沙量分别增大 57%～273% 和 187% 以上。2018 年度内蒙古河段头道拐站断面淤积，其他典型断面冲刷；黄河下游河道花园口以上河段淤积量为 0.491 亿立方米，花园口以下河段冲刷量为 1.122 亿立方米，下游河道引水量和引沙量分别为 100.4 亿立方米和 1800 万吨。2018 年三门峡水库冲刷量为 1.017 亿立方米；小浪底水库淤积量为 1.145 亿立方米。

淮河流域主要水文控制站 2018 年实测水沙特征值与多年平均值比较，干流鲁台子站和蚌埠站年径流量分别偏大 9% 和 15%，干流息县、颍河阜阳和沂河临沂各站年径流量偏小 12%～40%；各站年输沙量偏小 57%～96%。与近 10 年平均值比较，2018 年临沂站径流量基本持平，其他站偏大 18%～45%；鲁台子站和蚌埠站年输沙量分别偏大 9% 和 28%，息县、阜阳和临沂各站偏小 46%～67%。与 2017 年比较，2018 年临沂站径流量增大 10%，其他站减小 8%～42%；息县站和鲁台子站分别减小 74% 和 28%，其他站年输沙量增大 9% 以上。

海河流域主要水文控制站 2018 年实测水沙特征值与多年平均值比较，各站年径流量和年输沙量分别偏小 23%～94% 和 91%～100%。与近 10 年平均值比较，2018 年桑干河石匣里、永定河雁翅、潮河下会和白河张家坟各站径流量偏大 7%～107%，卫河元村集站基本持平，其他站偏小 25%～64%；石匣里、雁翅、下会和张家坟各站年输沙量偏大 10%～823%，响水堡站近 10 年年输沙量均近似为 0，其他站偏小 22%～100%。与 2017 年比较，2018 年石匣里、下会和海河海河闸各站径流量增大 7%～93%，其他站减小 7%～74%；石匣里站年输沙量基本持平，漳河观台站和元村集站分别减小近 100% 和 10%，雁翅、下会和张家坟各站年输沙量分别为 0.067 万吨、6.43 万吨和 4.66 万吨，响水堡站和海河闸站近似为 0。

珠江流域主要水文控制站 2018 年实测水沙特征值与多年平均值比较，郁江南宁站年径流量偏大 14%，红水河迁江站和浔江大湟江口站基本持平，其他站偏小 8%～35%；各站年输沙量偏小 44%～99%。与近 10 年平均值比较，2018 年迁江、南宁和南盘江小龙潭各站径流量分别偏大 11%、22% 和 36%，大湟江口站和西江梧州站基本持平，其他站偏小 6%～33%；南宁站年输沙量偏大 31%，东江博罗站基本持平，其他站偏小 6%～73%。与 2017 年比较，2018 年南宁站径流量基本持平，其他站减小 16%～39%；博罗站和南宁站年输沙量分别增大 31% 和 37%，其他站减小 38%～89%。

松花江流域主要水文控制站 2018 年实测水沙特征值与多年平均值比较，嫩江江桥站和干流佳木斯站年径流量分别偏大 7% 和 13%，干流哈尔滨站偏小 6%，其他站基本持平；江桥站年输沙量偏大 11%，嫩江大赉站基本持平，其他站偏小 7%～70%。与近 10 年平均值比较，2018 年第二松花江扶余站径流量偏小 15%，哈尔滨站基本持平，其他站偏大 12%～19%；哈尔滨站和佳木斯站年输沙量基本持平，其他站偏小 32%～54%。与 2017 年比较，2018 年扶余站径流量减小 16%，其他站增大 41%～181%；扶余站年输沙量减小 65%，其他站增大 67%～355%。

辽河流域主要水文控制站 2018 年实测水沙特征值与多年平均值比较，各站年径流量和年输沙量分别偏小 12%～90% 和 53%～99%。与近 10 年平均值比较，2018 年西拉木伦河巴林桥站径流量偏大 14%，其他站偏小 17%～66%；巴林桥站年输沙量基本持平，其他站偏小 45%～84%。与 2017 年比较，2018 年老哈河兴隆坡站径流量基本持平，其他站减小 9%～69%；兴隆坡站和干流铁岭站年输沙量分别增大 262% 和 8%，巴林桥站基本持平，柳河新民站和干流六间房站分别减小 94% 和 69%。

钱塘江流域主要水文控制站 2018 年实测水沙特征值与多年平均值比较，各站年径流量和年输沙量分别偏小 25%～51% 和 69%～87%。与近 10 年平均值比较，2018 年各站径流量和输沙量分别偏小 31%～43% 和 73%～81%。

闽江流域主要水文控制站 2018 年实测水沙特征值与多年平均值比较，各站年径流量和年输沙量分别偏小 31%～48% 和 44%～93%。与近 10 年平均值比较，2018 年各站径流量和输沙量分别偏小 24%～54% 和 52%～95%。

塔里木河流域主要水文控制站 2018 年实测水沙特征值与多年平均值比较，开都河焉耆站和玉龙喀什河同古孜洛克站年径流量分别偏大 12% 和 10%，叶尔羌河卡群站基本持平，阿克苏河西大桥（新大河）站和干流阿拉尔站分别偏小 13% 和 14%；各站年输沙量偏小 10%～90%。与近 10 年平均值比较，2018 年焉耆站径流量偏大 11%，其他站偏小 8%～26%；各站年输沙量偏小 28%～55%。

黑河干流莺落峡站和正义峡站 2018 年实测水沙特征值与多年平均值比较，年径流量分别偏大 23% 和 37%；年输沙量分别偏小 67% 和 36%。与近 10 年平均值比较，2018 年莺落峡站径流量基本持平，正义峡站偏大 10%；年输沙量分别偏小 34% 和 6%。

青海湖区布哈河布哈河口站和依克乌兰河刚察站 2018 年实测水沙特征值与多年平均值比较，年径流量分别偏大 207% 和 76%；年输沙量分别偏大 290% 和 101%。与近 10 年平均值比较，2018 年布哈河口站和刚察站径流量分别偏大 71% 和 27%；年输沙量分别偏大 115% 和 65%。

2018 年重要泥沙事件包括：长江干流河道及鄱阳湖区共完成采砂总量约 1779 万吨，疏浚砂利用总量约 8900 万吨；2018 年 10 月和 11 月在金沙江白格发生两次山体滑坡形成堰塞湖。2018 年黄河干流大流量持续时间长，河道形态普遍得到改善；万家寨水库和小浪底水库汛期排沙量为运用以来最大。

目录

封面：金沙江上游河段（赵　军　摄）

封底：新安江水电站（刘柏良　摄）

正文图片：参编单位提供

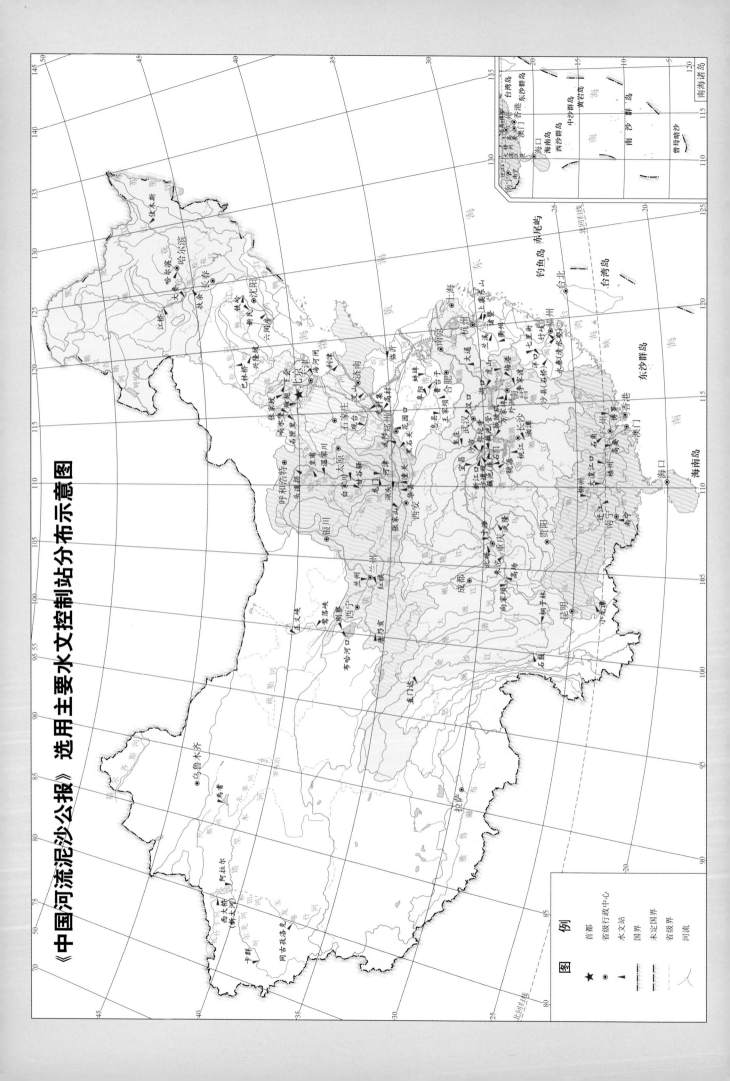

《中国河流泥沙公报》选用主要水文控制站分布示意图

图　例

★　首都
◎　省级行政中心
▲　水文站
　　国界
　　未定国界
　　省级界
　　河流

三峡神女峰河段

第一章　长江

一、概述

　　2018 年长江干流主要水文控制站实测水沙特征值与多年平均值比较，大通站年径流量偏小 10%，汉口站基本持平，其他站偏大 10%～54%；直门达站和石鼓站年输沙量分别偏大 111% 和 109%，其他站偏小 64%～99%。与近 10 年平均值比较，2018 年大通站径流量偏小 9%，汉口站基本持平，其他站偏大 12%～23%；向家坝、朱沱、汉口和大通各站年输沙量偏小 6%～97%，其他站偏大 21%～74%。与上年度比较，2018 年汉口站和大通站径流量分别减小 9% 和 14%，其他站增大 6%～19%；大通站年输沙量减小 20%，其他站增大 13%～997%。

　　2018 年长江主要支流水文控制站实测水沙特征值与多年平均值比较，乌江武隆站和汉江皇庄站年径流量分别偏小 9% 和 19%，其他站偏大 6%～20%；各站年输沙量偏小 25%～95%。与近 10 年平均值比较，2018 年皇庄站径流量偏小 6%，武隆站基本持平，其他站偏大 6%～25%；雅砻江桐子林站和皇庄站年输沙量分别偏小 36% 和 50%，武隆站基本持平，岷江高场站和嘉陵江北碚站分别偏大 72% 和 128%。与上年度比较，2018 年武隆站径流量基本持平，皇庄站减小 15%，其他站增大 11%～28%；桐子林站年输沙量基本持平，皇庄站减小 67%，其他站增大 79% 以上。

　　2018 年洞庭湖区和鄱阳湖区主要水文控制站实测水沙特征值与多年平均值比较，洞庭湖区澧水石门站和松滋河（西）新江口站年径流量基本持平，其他站偏小 20%～91%；各站年输沙量偏小 84%～100%。鄱阳湖区各站年径流量偏小 18%～56%；饶河虎山站年输沙量偏大 50%，其他站偏小 62%～88%。与近 10 年平均值比较，2018 年洞庭湖区新江口站和松滋河（东）沙道观站径流量分别偏大 18% 和 23%，石门站和藕池河藕池（管）站基本持平，其他站偏小 19%～34%；新江口、沙道观、虎渡河弥陀寺、安乡河藕池（康）和藕池（管）各站年输沙量偏大 8%～70%，其他站偏小 69%～99%。鄱阳湖区各站年径流量偏小 22%～57%；各站年输沙量偏小 25%～78%。与上年度比较，2018 年洞庭湖区石门、藕池（管）和弥陀寺各站径流量基本持平，新江口、沙道观和藕池（康）各站增大 13%～128%，其他站减小 28%～43%；城陵矶、湘潭、桃江和桃源各站年输沙量减小 64%～100%，其他站增大 7%～1156%。鄱阳湖区各站年径流量减小 10%～46%；各站年输沙量减小 16%～78%。

2008 年 9 月至 2018 年 12 月，重庆主城区河段累积冲刷量为 0.2073 亿立方米。2002 年 10 月至 2018 年 10 月，荆江河段河床持续冲刷，其平滩河槽冲刷量为 11.3814 亿立方米。2018 年三峡水库库区淤积泥沙 1.042 亿吨，水库排沙比为 27%。2018 年丹江口水库库区淤积泥沙 183 万吨，水库排沙比接近 0。溪洛渡水库库区 2008 年 2 月至 2018 年 10 月泥沙淤积量为 5.559 亿立方米，其中 2018 年淤积泥沙 7668 万立方米。

2018 年主要泥沙事件包括长江干流和洞庭湖区、鄱阳湖区采砂及疏浚砂综合利用；金沙江白格发生山体滑坡形成堰塞湖。

二、径流量与输沙量

（一）2018 年实测水沙特征值

1. 长江干流

2018 年长江干流主要水文控制站实测水沙特征值与多年平均值、近 10 年平均值及 2017 年值的比较见表 1-1 和图 1-1。

2018 年长江干流主要水文控制站实测径流量与多年平均值比较，直门达、石鼓、向家坝、朱沱、寸滩、宜昌和沙市各站分别偏大 54%、21%、15%、19%、13%、10% 和 11%，汉口站基本持平，大通站偏小 10%；与近 10 年平均值比较，直门达、石鼓、向家坝、朱沱、寸滩、宜昌和沙市各站分别偏大 20%、20%、22%、23%、17%、12% 和 12%，汉口站基本持平，大通站偏小 9%；与上年度比较，直门达、石鼓、向家坝、朱沱、寸滩、宜昌和沙市各站分别增大 17%、18%、13%、19%、17%、8% 和 6%，汉口站和大通站分别减小 9% 和 14%。

2018 年长江干流主要水文控制站实测输沙量与多年平均值比较，直门达站和石鼓站分别偏大 111% 和 109%，向家坝、朱沱、寸滩、宜昌、沙市、汉口和大通各站分别偏小 99%、75%、64%、91%、86%、76% 和 77%；与近 10 年平均值比较，直门达、石鼓、寸滩、宜昌和沙市各站分别偏大 61%、67%、21%、74% 和 43%，向家坝、朱沱、汉口和大通各站分别偏小 97%、17%、6% 和 32%；与上年度比较，直门达、石鼓、向家坝、朱沱、寸滩、宜昌、沙市和汉口各站分别增大 51%、65%、13%、149%、283%、997%、206% 和 14%，大通站减小 20%。

表 1-1 长江干流主要水文控制站实测水沙特征值对比表

水文控制站		直门达	石鼓	向家坝	朱沱	寸滩	宜昌	沙市	汉口	大通
控制流域面积（万平方公里）		13.77	21.42	45.88	69.47	86.66	100.55		148.80	170.54
年径流量（亿立方米）	多年平均	130.2 (1957－2015年)	424.2 (1952－2015年)	1420 (1956－2015年)	2648 (1954－2015年)	3434 (1950－2015年)	4304 (1950－2015年)	3903 (1955－2015年)	7040 (1954－2015年)	8931 (1950－2015年)
	近10年平均	166.3	430.5	1347	2570	3321	4214	3879	6869	8852
	2017年	170.8	435.9	1447	2653	3303	4403	4096	7373	9378
	2018年	200.0	514.9	1638	3161	3873	4738	4326	6695	8028
年输沙量（亿吨）	多年平均	0.096 (1957－2015年)	0.253 (1958－2015年)	2.23 (1956－2015年)	2.69 (1956－2015年)	3.74 (1953－2015年)	4.03 (1950－2015年)	3.51 (1956－2015年)	3.37 (1954－2015年)	3.68 (1951－2015年)
	近10年平均	0.126	0.316	0.491	0.824	1.10	0.208	0.347	0.847	1.22
	2017年	0.134	0.320	0.015	0.274	0.347	0.033	0.162	0.698	1.04
	2018年	0.203	0.529	0.017	0.682	1.33	0.362	0.495	0.796	0.831
年平均含沙量（千克/立方米）	多年平均	0.647 (1957－2015年)	0.602 (1958－2015年)	1.57 (1956－2015年)	1.02 (1956－2015年)	1.09 (1953－2015年)	0.936 (1950－2015年)	0.901 (1956－2015年)	0.478 (1954－2015年)	0.414 (1951－2015年)
	2017年	0.786	0.732	0.010	0.103	0.105	0.008	0.040	0.094	0.111
	2018年	1.01	1.03	0.010	0.216	0.342	0.077	0.115	0.119	0.104
年平均中数粒径（毫米）	多年平均		0.017 (1987－2015年)	0.014 (1987－2015年)	0.011 (1987－2015年)	0.010 (1987－2015年)	0.007 (1987－2015年)	0.018 (1987－2015年)	0.012 (1987－2015年)	0.010 (1987－2015年)
	2017年		0.011	0.009	0.012	0.011	0.010	0.049	0.019	0.016
	2018年		0.011		0.011	0.011	0.009	0.015	0.016	0.013
输沙模数［吨/(年·平方公里)］	多年平均	69.9 (1957－2015年)	118 (1958－2015年)	486 (1956－2015年)	387 (1956－2015年)	432 (1953－2015年)	401 (1950－2015年)		226 (1954－2015年)	216 (1951－2015年)
	2017年	97.3	149	3.23	39.4	40.0	3.29		46.9	61.0
	2018年	147	247	3.62	98.2	153	36.0		53.5	48.7

2. 长江主要支流

2018 年长江主要支流水文控制站实测水沙特征值与多年平均值、近 10 年平均值及 2017 年值的比较见表 1-2 和图 1-2。

2018 年长江主要支流水文控制站实测径流量与多年平均值比较，雅砻江桐子林、岷江高场和嘉陵江北碚各站分别偏大 10%、20% 和 6%，乌江武隆站和汉江皇庄站分别偏小 9% 和 19%；与近 10 年平均值比较，桐子林、高场和北碚各站分别偏大 14%、25% 和 6%，武隆站基本持平，皇庄站偏小 6%；与上年度比较，桐子林、高场和北碚各站分别增大 14%、28% 和 11%，武隆站基本持平，皇庄站减小 15%。

2018 年长江主要支流水文控制站实测输沙量与多年平均值比较，桐子林、高场、北碚、武隆和皇庄各站分别偏小 46%、28%、25%、89% 和 95%；与近 10 年平均值比较，高场站和北碚站分别偏大 72% 和 128%，武隆站基本持平，桐子林站和皇庄站分别偏小 36% 和 50%；与上年度比较，高场、北碚和武隆各站分别增大 121%、1189% 和 79%，桐子林站基本持平，皇庄站减小 67%。

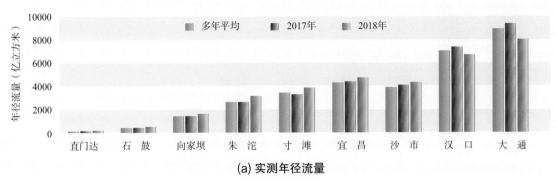

(a) 实测年径流量

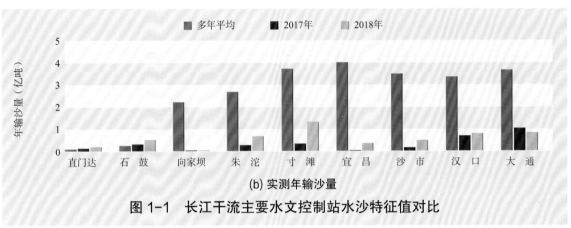

(b) 实测年输沙量

图 1-1　长江干流主要水文控制站水沙特征值对比

(a) 实测年径流量

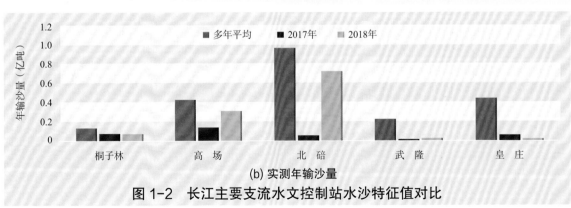

(b) 实测年输沙量

图 1-2　长江主要支流水文控制站水沙特征值对比

表 1-2 长江主要支流水文控制站实测水沙特征值对比表

河 流		雅砻江	岷 江	嘉陵江	乌 江	汉 江
水文控制站		桐子林	高 场	北 碚	武 隆	皇 庄
控制流域面积（万平方公里）		12.84	13.54	15.67	8.30	14.21
年径流量（亿立方米）	多年平均	590.3 (1999—2015年)	841.8 (1956—2015年)	655.2 (1956—2015年)	482.9 (1956—2015年)	467.1 (1950—2015年)
	近10年平均	569.0	805.9	654.7	438.2	403.0
	2017年	566.3	792.1	622.9	452.2	446.1
	2018年	648.3	1011	694.2	439.1	379.8
年输沙量（亿吨）	多年平均	0.134 (1999—2015年)	0.428 (1956—2015年)	0.967 (1956—2015年)	0.225 (1956—2015年)	0.442 (1951—2015年)
	近10年平均	0.114	0.180	0.317	0.025	0.040
	2017年	0.076	0.140	0.056	0.014	0.061
	2018年	0.073	0.310	0.722	0.025	0.020
年平均含沙量（千克/立方米）	多年平均	0.228 (1999—2015年)	0.508 (1956—2015年)	1.48 (1956—2015年)	0.466 (1956—2015年)	0.946 (1951—2015年)
	2017年	0.135	0.177	0.089	0.031	0.138
	2018年	0.112	0.307	1.04	0.057	0.052
年平均中数粒径（毫米）	多年平均		0.017 (1987—2015年)	0.008 (2000—2015年)	0.007 (1987—2015年)	0.050 (1987—2015年)
	2017年		0.011	0.008	0.012	0.019
	2018年		0.014	0.012	0.011	0.025
输沙模数[吨/(年·平方公里)]	多年平均	104 (1999—2015年)	316 (1956—2015年)	617 (1956—2015年)	271 (1956—2015年)	311 (1951—2015年)
	2017年	59.6	103	35.6	16.9	42.9
	2018年	56.5	229	461	30.0	13.9

3. 洞庭湖区

2018 年洞庭湖区主要水文控制站实测水沙特征值与多年平均值、近 10 年平均值及 2017 年值的比较见表 1-3 和图 1-3。

2018 年洞庭湖区主要水文控制站实测径流量与多年平均值比较，澧水石门站基本持平，湘江湘潭、资水桃江和沅江桃源各站分别偏小 35%、36% 和 20%；荆江河段松滋口、太平口和藕池口区域（以下简称三口）内，新江口站基本持平，沙道观、弥陀寺、藕池（康）和藕池（管）各站分别偏小 36%、61%、91% 和 68%；洞庭湖湖口城陵矶站偏小 30%。与近 10 年平均值比较，2018 年石门站实测径流量基本持平，湘潭、桃江和桃源各站分别偏小 34%、31% 和 21%；荆江三口新江口站和沙道观站分别偏大 18% 和 23%，藕池（管）站基本持平，弥陀寺站和藕池（康）站分别偏小 22% 和 19%；城陵矶站偏小 19%。与上年度比较，2018 年石门站实测径流量基本持平，湘潭、桃江和桃源各站分别减小 37%、43% 和 32%；荆江三口新江口、沙道观和藕池（康）各站分别增大 13%、25% 和 128%，弥陀寺站和藕池（管）站基本持平；城陵矶站减小 28%。

表 1-3　洞庭湖区主要水文控制站实测水沙特征值对比表

河　　流		湘江	资水	沅江	澧水	松滋河(西)	松滋河(东)	虎渡河	安乡河	藕池河	洞庭湖湖口
水文控制站		湘潭	桃江	桃源	石门	新江口	沙道观	弥陀寺	藕池(康)	藕池(管)	城陵矶
控制流域面积 (万平方公里)		8.16	2.67	8.52	1.53						
年径流量 (亿立方米)	多年平均	658.0 (1950—2015年)	227.7 (1951—2015年)	640.0 (1951—2015年)	146.7 (1950—2015年)	292.9 (1955—2015年)	98.30 (1955—2015年)	149.3 (1953—2015年)	24.94 (1950—2015年)	302.0 (1950—2015年)	2843 (1951—2015年)
	近10年平均	641.2	210.8	647.6	142.9	241.9	51.59	75.20	2.878	99.66	2463
	2017年	673.2	255.8	761.9	148.1	252.4	50.43	55.90	1.019	96.48	2776
	2018年	424.7	145.6	514.3	150.1	284.5	63.22	58.91	2.320	96.37	1990
年输沙量 (万吨)	多年平均	909 (1953—2015年)	183 (1953—2015年)	940 (1952—2015年)	500 (1953—2015年)	2690 (1955—2015年)	1080 (1955—2015年)	1470 (1954—2015年)	336 (1956—2015年)	4240 (1956—2015年)	3810 (1951—2015年)
	近10年平均	434	58.2	125	88.3	252	72.7	76.4	4.94	170	2060
	2017年	619	214	378	25.2	105	14.8	15.0	0.425	45.0	1610
	2018年	47.4	0.715	5.79	27.0	429	114	90.3	5.34	211	575
年平均含沙量 (千克/立方米)	多年平均	0.139 (1953—2015年)	0.081 (1953—2015年)	0.146 (1952—2015年)	0.342 (1953—2015年)	0.918 (1955—2015年)	1.10 (1955—2015年)	1.02 (1954—2015年)	1.96 (1956—2015年)	1.64 (1956—2015年)	0.134 (1951—2015年)
	2017年	0.092	0.084	0.050	0.017	0.042	0.029	0.027	0.037	0.046	0.058
	2018年	0.011	0.000	0.001	0.018	0.151	0.180	0.153	0.230	0.218	0.029
年平均中数粒径 (毫米)	多年平均	0.028 (1987—2015年)	0.034 (1987—2015年)	0.012 (1987—2015年)	0.015 (1987—2015年)	0.008 (1987—2015年)	0.008 (1990—2015年)	0.006 (1990—2015年)	0.009 (1990—2015年)	0.011 (1987—2015年)	0.005 (1987—2015年)
	2017年	0.035	0.021	0.019	0.033	0.025	0.018	0.018	0.019	0.023	0.010
	2018年	0.027	0.019	0.021	0.029	0.011	0.010	0.010	0.009	0.010	0.010
输沙模数 [吨/(年·平方公里)]	多年平均	111 (1953—2015年)	68.5 (1953—2015年)	110 (1952—2015年)	327 (1953—2015年)						
	2017年	75.8	80.0	44.4	16.5						
	2018年	5.81	0.267	0.679	17.6						

2018 年洞庭湖区主要水文控制站实测输沙量与多年平均值比较，湘潭、桃江、桃源和石门各站分别偏小 95%、近 100%、99% 和 95%；荆江三口新江口、沙道观、弥陀寺、藕池（康）和藕池（管）各站分别偏小 84%、89%、94%、98% 和 95%；城陵矶站偏小 85%。与近 10 年平均值比较，2018 年湘潭、桃江、桃源和石门各站实测输沙量分别偏小 89%、99%、95% 和 69%；荆江三口新江口、沙道观、弥陀寺、藕池（康）和藕池（管）各站分别偏大 70%、57%、18%、8% 和 24%；城陵矶站偏小 72%。与上年度比较，2018 年石门站实测输沙量增大 7%，湘潭、桃江和桃源各站分别减小 92%、近 100% 和 98%；荆江三口新江口、沙道观、弥陀寺、藕池（康）和藕池（管）各站分别增大 309%、670%、502%、1156% 和 369%；城陵矶站减小 64%。

4. 鄱阳湖区

2018 年鄱阳湖区主要水文控制站实测水沙特征值与多年平均值、近 10 年平均值及 2017 年值的比较见表 1-4 和图 1-4。

2018 年鄱阳湖区主要水文控制站实测径流量与多年平均值比较，赣江外洲、抚河李家渡、信江梅港、饶河虎山、修水万家埠和湖口水道湖口各站分别偏小 32%、

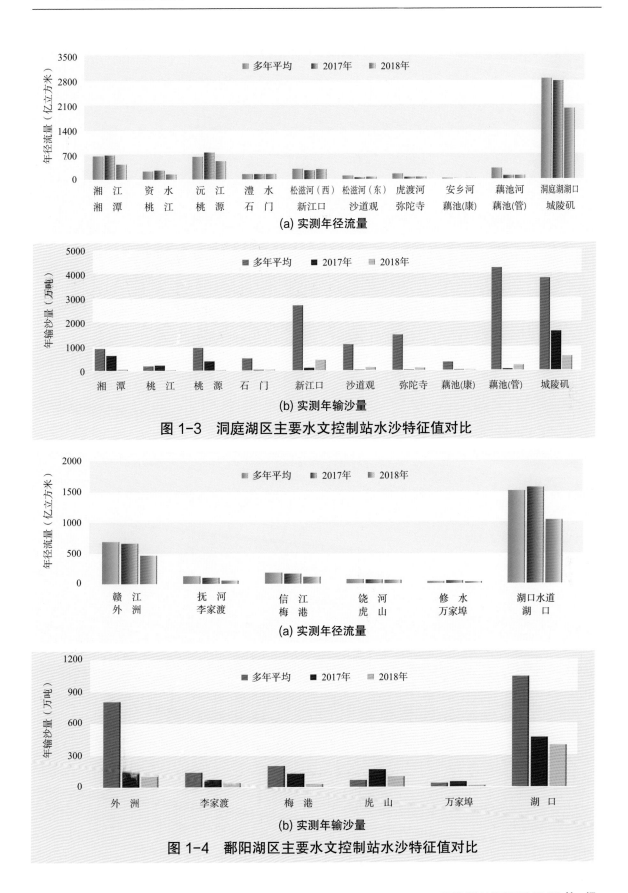

(a) 实测年径流量

(b) 实测年输沙量

图 1-3　洞庭湖区主要水文控制站水沙特征值对比

(a) 实测年径流量

(b) 实测年输沙量

图 1-4　鄱阳湖区主要水文控制站水沙特征值对比

56%、37%、18%、18% 和 31%；与近 10 年平均值比较，上述各站分别偏小 34%、57%、43%、22%、26% 和 35%；与上年度比较，上述各站分别减小 30%、46%、31%、10%、38% 和 34%。

表 1-4　鄱阳湖区主要水文控制站实测水沙特征值对比表

河　　流		赣　江	抚　河	信　江	饶　河	修　水	湖口水道
水文控制站		外　洲	李家渡	梅　港	虎　山	万家埠	湖　口
控制流域面积 （万平方公里）		8.09	1.58	1.55	0.64	0.35	16.22
年径流量 （亿立方米）	多年平均	683.4 (1950—2015 年)	128.0 (1953—2015 年)	181.7 (1953—2015 年)	71.76 (1953—2015 年)	35.42 (1953—2015 年)	1507 (1950—2015 年)
	近 10 年平均	702.6	130.2	198.2	76.13	39.38	1602
	2017 年	658.0	102.3	165.7	66.01	47.13	1563
	2018 年	463.4	55.73	113.7	59.09	29.06	1035
年输沙量 （万吨）	多年平均	804 (1956—2015 年)	137 (1956—2015 年)	198 (1955—2015 年)	64.4 (1956—2015 年)	34.8 (1957—2015 年)	1040 (1952—2015 年)
	近 10 年平均	210	122	122	130	27.7	990
	2017 年	142	69.7	125	166	48.2	465
	2018 年	99.4	38.4	27.0	96.9	12.3	391
年平均 含沙量 （千克/立方米）	多年平均	0.119 (1956—2015 年)	0.110 (1956—2015 年)	0.110 (1955—2015 年)	0.092 (1956—2015 年)	0.100 (1957—2015 年)	0.069 (1952—2015 年)
	2017 年	0.021	0.068	0.075	0.252	0.103	0.032
	2018 年	0.021	0.069	0.024	0.164	0.042	0.038
年平均 中数粒径 （毫米）	多年平均	0.049 (1987—2015 年)	0.052 (1987—2015 年)	0.016 (1987—2015 年)			0.005 (2006—2015 年)
	2017 年	0.008	0.012	0.010			0.009
	2018 年	0.009	0.018	0.011			0.008
输沙模数 [吨/(年·平方公里)]	多年平均	99.0 (1956—2015 年)	87.0 (1956—2015 年)	127 (1955—2015 年)	101 (1956—2015 年)	98.0 (1957—2015 年)	64.1 (1952—2015 年)
	2017 年	17.5	44.1	80.5	260	136	28.7
	2018 年	12.3	24.3	17.4	152	34.7	24.1

2018 年鄱阳湖区主要水文控制站实测输沙量与多年平均值比较，虎山站偏大 50%，外洲、李家渡、梅港、万家埠和湖口各站分别偏小 88%、72%、86%、65% 和 62%；与近 10 年平均值比较，外洲、李家渡、梅港、虎山、万家埠和湖口各站分别偏小 53%、69%、78%、25%、56% 和 61%；与上年度比较，外洲、李家渡、梅港、虎山、万家埠和湖口各站分别减小 30%、45%、78%、42%、74% 和 16%。

2018 年 5 月 31 日 4 时至 11 时，鄱阳湖区湖口水道湖口站发生倒灌，倒灌总径流量为 226.4 万立方米，倒灌总输沙量为 20.6 吨。

（二）径流量与输沙量的年内变化

1. 长江干流

2018 年长江干流主要水文控制站逐月径流量与输沙量的变化见图 1-5。2018 年

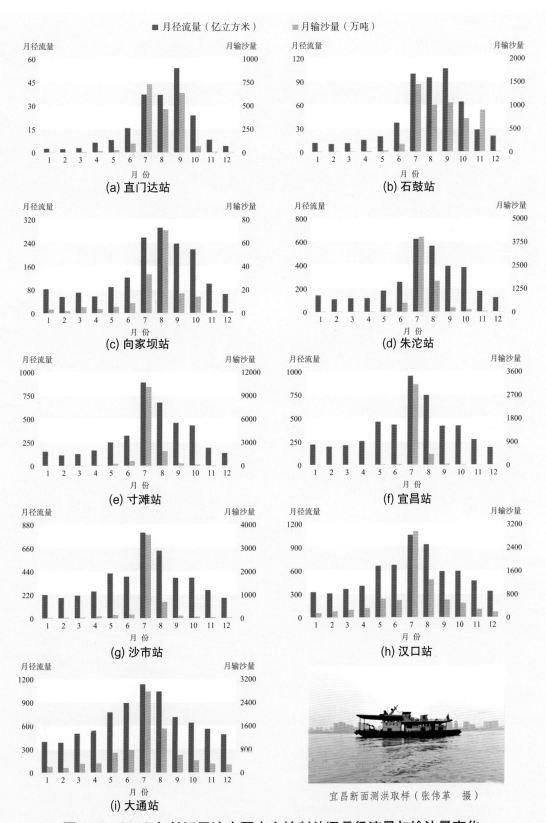

图 1-5　2018 年长江干流主要水文控制站逐月径流量与输沙量变化

长江干流主要水文控制站直门达、石鼓、向家坝、朱沱、寸滩、宜昌、沙市、汉口和大通各站的径流量和输沙量主要集中在5—10月，分别占全年的65% ～ 88% 和81% ～ 100%。

2. 长江主要支流

2018 年长江主要支流水文控制站逐月径流量与输沙量的变化见图 1-6。2018 年长江主要支流水文控制站桐子林、高场、北碚、武隆和皇庄各站径流量和输沙量主要集中在5—10月，分别占全年的64% ～ 80% 和83% ～ 100%。

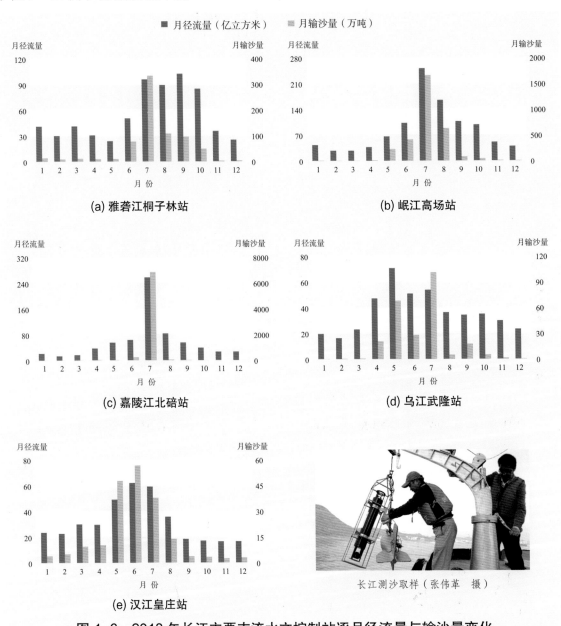

■ 月径流量（亿立方米）　　■ 月输沙量（万吨）

(a) 雅砻江桐子林站

(b) 岷江高场站

(c) 嘉陵江北碚站

(d) 乌江武隆站

(e) 汉江皇庄站

长江测沙取样（张伟革　摄）

图 1-6　2018 年长江主要支流水文控制站逐月径流量与输沙量变化

3. 洞庭湖区和鄱阳湖区

2018 年洞庭湖区和鄱阳湖区主要水文控制站逐月径流量与输沙量的变化见图 1-7。

洞庭湖区湘潭、桃源和城陵矶各站径流量年内分布较均匀，其中湘潭站主要集中在 3—6 月及 11—12 月，桃源站主要集中在 4—7 月及 10—11 月，城陵矶站主要集中在 5—11 月，分别占全年的 62%、66% 和 74%；各站输沙量分布差异较大，湘潭站主要集中在 5—6 月及 11 月，桃源站主要集中在 5—6 月及 9 月，城陵矶站主要集中在 5—

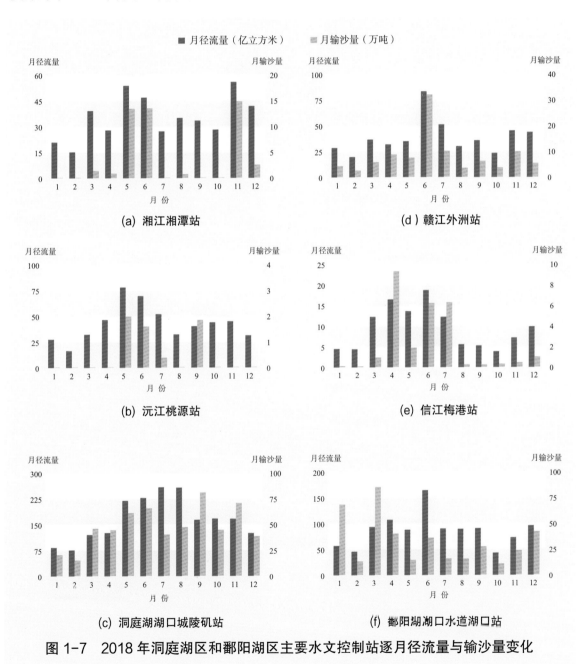

图 1-7　2018 年洞庭湖区和鄱阳湖区主要水文控制站逐月径流量与输沙量变化

11 月，分别占全年的 88%、93% 和 71%。

鄱阳湖区外洲站和湖口站径流量和输沙量分布较均匀，最大径流量均发生在 6 月，分别占全年的 18% 和 16%；两站最大输沙量分别发生在 6 月和 3 月，分别占全年的 32% 和 22%。梅港站径流量和输沙量主要集中在 3—7 月，分别占全年的 64% 和 91%。

三、 重点河段冲淤变化

（一）重庆主城区河段

1. 河段概况

重庆主城区河段是指长江干流大渡口至铜锣峡的干流河段（长约 40 公里）和嘉陵江井口至朝天门的嘉陵江河段（长约 20 公里），嘉陵江在朝天门从左岸汇入长江。重庆主城区河道在平面上呈连续弯曲的河道形态，河势稳定，河床年内有冲有淤。重庆主城区河段河势见图 1-8。

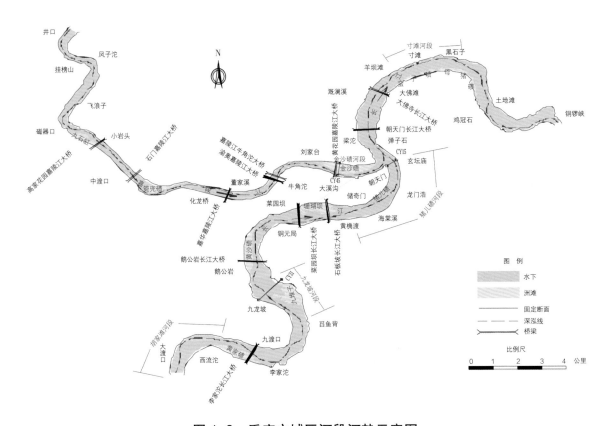

图 1-8　重庆主城区河段河势示意图

2. 冲淤变化

重庆主城区河段位于三峡水库变动回水区上段，2008 年三峡水库进行 175 米试验性蓄水后，受上游来沙变化及人类活动影响，2008 年 9 月中旬至 2018 年 12 月全河段累积泥沙冲刷量为 2073.3 万立方米。其中，嘉陵江汇合口以下的长江干流河段冲刷 180.9 万立方米，汇合口以上长江干流河段冲刷 1661.9 万立方米，嘉陵江河段冲刷 230.5 万立方米。

2017 年 12 月至 2018 年 12 月，重庆主城区河段总体为冲刷，泥沙冲刷量为 284.0 万立方米。其中，长江干流汇合口以上河段和汇合口以下河段分别冲刷 263.3 万立方米和 30.8 万立方米，嘉陵江河段淤积 10.1 万立方米。局部重点河段九龙坡和猪儿碛河段表现为冲刷，寸滩和金沙碛河段表现为淤积。具体见表 1-5 及图 1-9。

表 1-5　重庆主城区河段冲淤量　　　　　　　　　　　　　单位：万立方米

河段名称　　　　　计算时段	局部重点河段				长江干流		嘉陵江	全河段
	九龙坡	猪儿碛	寸　滩	金沙碛	汇合口（CY15）以上	汇合口（CY15）以下		
2008 年 9 月至 2017 年 12 月	− 215.9	− 21.4	+ 18.5	− 33.5	− 1398.6	− 150.1	− 240.6	− 1789.3
2017 年 12 月至 2018 年 6 月	− 41.9	− 32.9	− 17.2	− 1.0	− 164.6	− 37.7	− 41.8	− 244.1
2018 年 6 月至 2018 年 10 月	+ 9.2	− 29.9	+ 12.9	+ 15.6	− 69.6	+ 14.6	+ 26.5	− 28.5
2018 年 10 月至 2018 年 12 月	− 1.0	− 9.0	+ 4.8	+ 4.6	− 29.1	− 7.7	+ 25.4	− 11.4
2017 年 12 月至 2018 年 12 月	− 33.7	− 71.8	+ 0.5	+ 19.2	− 263.3	− 30.8	+ 10.1	− 284.0
2008 年 9 月至 2018 年 12 月	− 249.6	− 93.2	+ 19.0	− 14.3	− 1661.9	− 180.9	− 230.5	− 2073.3

注　1. "+" 表示淤积，"−" 表示冲刷。
　　2. 九龙坡、猪儿碛和寸滩各河段分别为长江九龙坡港区、汇合口上游干流港区及寸滩新港区，计算河段长度分别为 2364 米、3717 米和 2578 米；金沙碛河段为嘉陵江口门段（朝天门附近），计算河段长度为 2671 米。

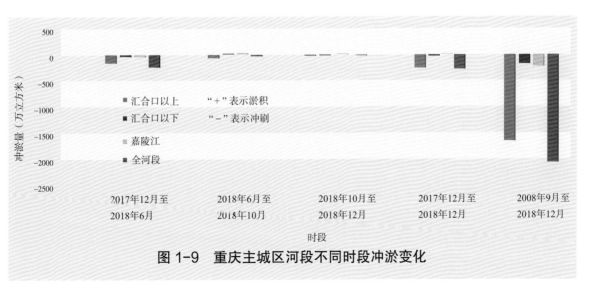

图 1-9　重庆主城区河段不同时段冲淤变化

3. 典型断面冲淤变化

三峡水库 175 米试验性蓄水以来，重庆主城区河段年际间河床断面形态无明显变化，局部有一定的冲淤变化（图 1-10）。重庆主城区河段年内冲淤一般表现为汛期以淤积为主，汛前消落期河床以冲刷为主，汛后蓄水前期由于上游来水仍较大，且坝前水位较低，河床也以冲刷为主，到蓄水后期才转为淤积；河段断面年内有冲有淤（图 1-11）。

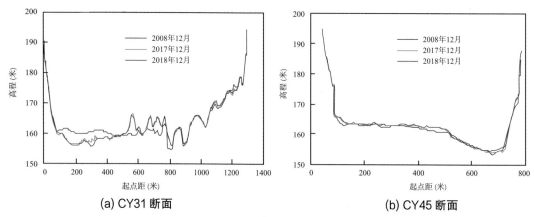

(a) CY31 断面 　　　　　　　　　 (b) CY45 断面

图 1-10　重庆主城区河段典型断面年际冲淤变化

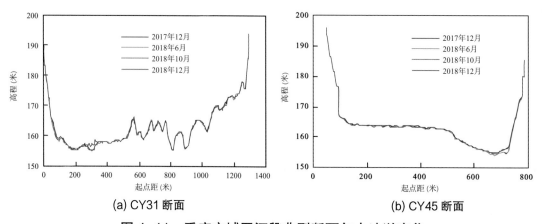

(a) CY31 断面 　　　　　　　　　 (b) CY45 断面

图 1-11　重庆主城区河段典型断面年内冲淤变化

4. 河道深泓纵剖面冲淤变化

重庆主城区河段深泓纵剖面有冲有淤，2008 年 12 月至 2018 年 12 月以冲刷为主，其中，长江干流朝天门以上河段、以下河段以及嘉陵江河段平均冲刷深度分别为 0.98 米、0.18 米和 0.20 米。深泓纵剖面变化见图 1-12。

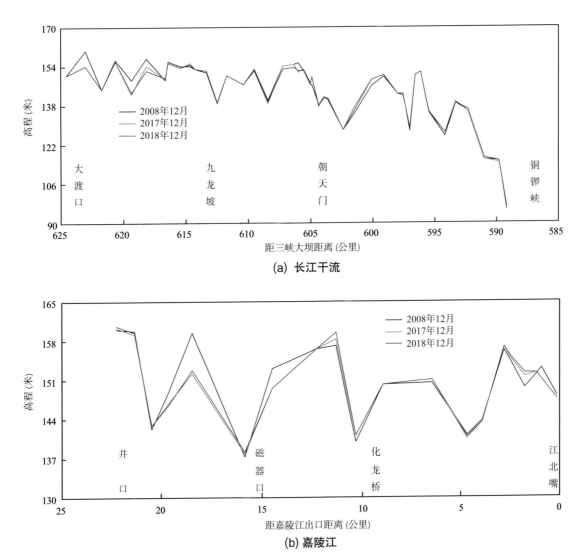

(a) 长江干流

(b) 嘉陵江

图 1-12　重庆市主城区河段长江干流和嘉陵江深泓纵剖面变化

（二）荆江河段

1. 河段概况

荆江河段上起湖北省枝城、下迄湖南省城陵矶，流经湖北省的枝江、松滋、荆州、公安、沙市、江陵、石首、监利和湖南省的华容、岳阳等县（区、市），全长 347.2 公里。其间以藕池口为界，分为上荆江和下荆江。上荆江长约 171.7 公里，为微弯分汊河型；下荆江长约 175.5 公里，为典型蜿蜒性河道。荆江河段河势见图 1-13。

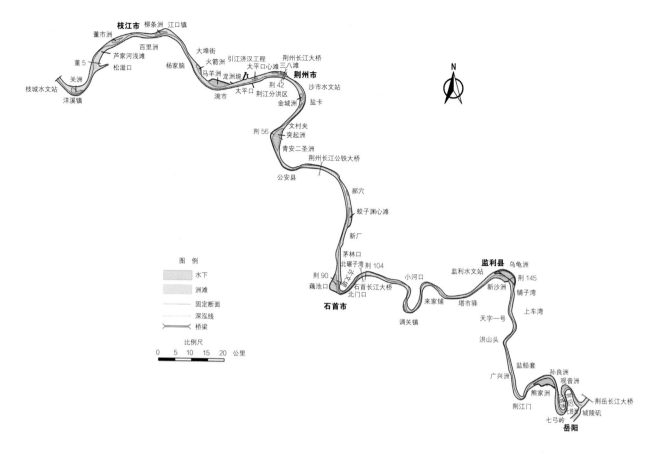

图 1-13　荆江河道河势示意图

2. 冲淤变化

　　三峡水库蓄水运用以来，荆江河段河势基本稳定，受入库沙量减少、水库拦沙和航道整治等人类活动影响，河道发生了较大幅度的冲刷，同时局部河段河势也发生了一些新的变化，如沙市河段太平口心滩、三八滩和金城洲段，以及下调关弯道段、熊家洲弯道段主流摆动导致出现了切滩撇弯现象，且崩岸时有发生。

　　2002 年 10 月至 2018 年 10 月，荆江河段持续冲刷，其平滩河槽总泥沙冲刷量为 11.3814 亿立方米，其中 2017 年 10 月至 2018 年 10 月平滩河槽冲刷量为 0.8729 亿立方米，且冲刷主要集中在枯水河槽。荆江河段冲淤量变化见表 1-6 及图 1-14。

3. 典型断面冲淤变化

　　荆江河段断面形态多为不规则的 U 形、W 形或偏 V 形，三峡水库蓄水运用以来，河床变形以主河槽冲刷下切为主；顺直段断面变化小，分汊及弯道段断面变化较大，如三八滩、金城洲、石首弯道、乌龟洲等河段滩槽交替冲淤变化较大。上荆江滩槽冲淤变化频繁，洲滩冲刷萎缩，如董 5 断面；但受护岸工程影响，两岸岸坡变化较小，如荆 56 断面。下荆江河槽冲淤变化较大，如荆 145 断面。典型断面冲淤变化见图 1-15。

表 1-6　荆江河段冲淤量

单位：万立方米

河段	时段	冲淤量		
		枯水河槽	基本河槽	平滩河槽
上荆江	2002 年 10 月至 2016 年 10 月	− 52176	− 53627	− 56016
	2016 年 10 月至 2017 年 10 月	− 6414	− 6466	− 6557
	2017 年 10 月至 2018 年 10 月	− 5251	− 5288	− 5346
	2002 年 10 月至 2018 年 10 月	− 63841	− 65381	− 67919
下荆江	2002 年 10 月至 2016 年 10 月	− 31851	− 33978	− 37766
	2016 年 10 月至 2017 年 10 月	− 4268	− 4488	− 4746
	2017 年 10 月至 2018 年 10 月	− 2515	− 3047	− 3383
	2002 年 10 月至 2018 年 10 月	− 38634	− 41513	− 45895
荆江河段	2002 年 10 月至 2016 年 10 月	− 84027	− 87605	− 93782
	2016 年 10 月至 2017 年 10 月	− 10682	− 10954	− 11303
	2017 年 10 月至 2018 年 10 月	− 7766	− 8335	− 8729
	2002 年 10 月至 2018 年 10 月	− 102475	− 106894	− 113814

注　1. "+" 表示淤积，"−" 表示冲刷。

　　2. 枯水河槽、基本河槽和平滩河槽分别指宜昌站流量 5000 立方米 / 秒、10000 立方米 / 秒和 30000 立方米 / 秒对应水面线下的河床。

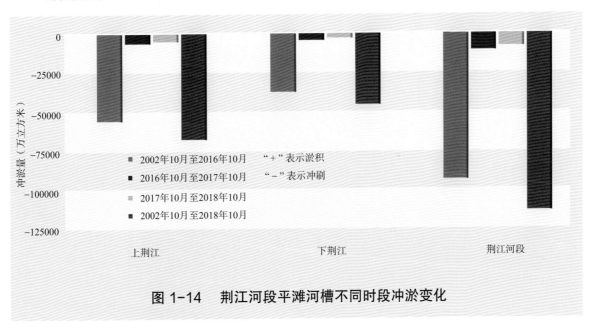

图 1-14　荆江河段平滩河槽不同时段冲淤变化

4. 河段深泓纵剖面冲淤变化

三峡水库蓄水运用以来，荆江河段深泓纵剖面冲淤交替（图 1-16）。2002 年 10 月至 2018 年 10 月期间，荆江河段深泓以冲刷为主，平均冲刷深度为 3.0 米，最大冲刷深度为 17.8 米，位于调关河段的荆 120 断面（距葛洲坝距离 264.7 公里），石首河段北碾子湾附近的石 4 断面冲刷深度也达 15.3 米。

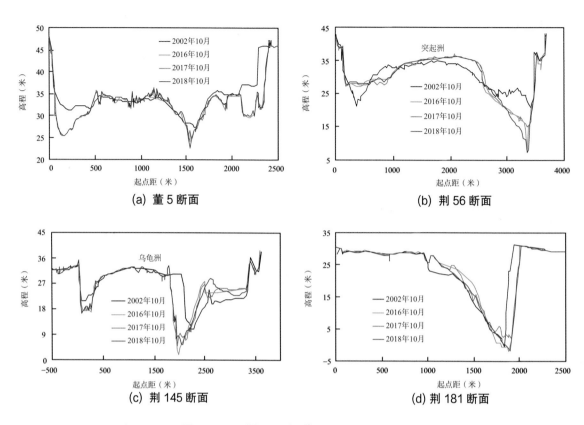

(a) 董 5 断面

(b) 荆 56 断面

(c) 荆 145 断面

(d) 荆 181 断面

图 1-15　荆江河段典型断面冲淤变化

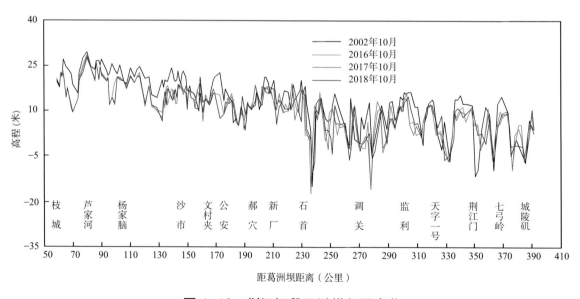

图 1-16　荆江河段深泓纵剖面变化

四、重要水库冲淤变化

（一）三峡水库

1. 进出库水沙量

2018 年 1 月 1 日起三峡水库坝前水位由 173.62 米（吴淞基面，三峡水库相同）开始逐步消落，至 6 月 10 日水位消落至 145.24 米，随后三峡水库转入汛期运行，9 月 10 日起三峡水库进行 175 米试验性蓄水，当时坝前水位为 152.63 米，至 10 月 31 日水库坝前水位达到 175 米。2018 年三峡水库入库径流量和输沙量（朱沱站、北碚站和武隆站三站之和）分别为 4294 亿立方米和 1.43 亿吨，与 2003—2017 年的平均值相比，年径流量偏大 19%，年输沙量偏小 8%。

三峡水库出库控制站黄陵庙水文站 2018 年径流量和输沙量分别为 4717 亿立方米和 0.388 亿吨。宜昌站 2018 年径流量和输沙量分别为 4738 亿立方米和 0.362 亿吨，与 2003—2017 年的平均值相比，年径流量偏大 17%，年输沙量基本持平。

2. 水库淤积量

在不考虑区间来沙的情况下，库区泥沙淤积量为三峡水库入库与出库沙量之差。2018 年三峡库区泥沙淤积量为 1.042 亿吨，水库排沙比为 27%。2018 年三峡水库淤积量年内变化见图 1-17。

2003 年 6 月三峡水库蓄水运用以来至 2018 年 12 月，入库悬移质泥沙 23.4 亿吨，出库（黄陵庙站）悬移质泥沙 5.62 亿吨，不考虑三峡库区区间来沙，水库淤积泥沙 17.8 亿吨，水库排沙比为 24%。

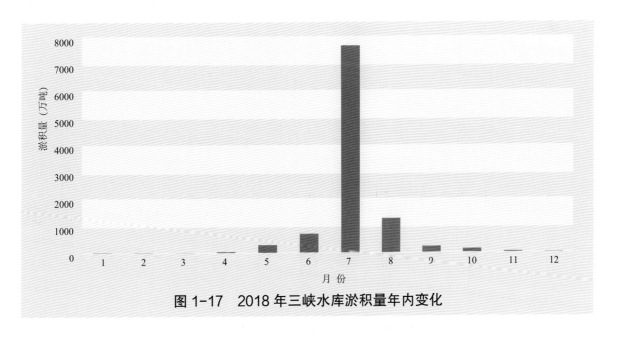

图 1-17　2018 年三峡水库淤积量年内变化

3. 水库典型断面冲淤变化

三峡水库蓄水运用以来，变动回水区总体冲刷，泥沙淤积主要集中在涪陵以下的常年回水区。库区断面以主槽淤积为主，沿程则以宽谷段淤积为主，占总淤积量的 94%，如 S113 和 S207 等断面；窄深段淤积相对较少或略有冲刷，如位于瞿塘峡的 S109 断面，深泓最大淤高 66.8 米（S34 断面）。三峡水库典型断面冲淤变化见图 1-18。

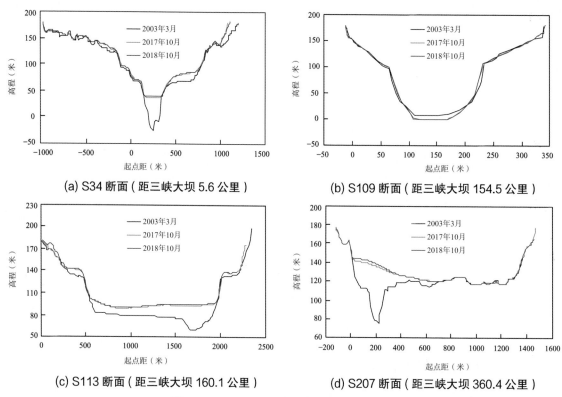

图 1-18　三峡水库典型断面冲淤变化

（二）丹江口水库

1. 进出库水沙量

丹江口水利枢纽位于汉江中游、丹江入江口下游 0.8 公里处。丹江口水库自 1968 年开始蓄水，1973 年建成初期规模，坝顶高程 162 米，2014 年丹江口大坝坝顶高程加高至 176.6 米，正常蓄水位 170 米。

2018 年丹江口水库入库径流量和输沙量（干流白河站、天河贾家坊站、堵河黄龙滩站、丹江西峡站和荆紫关站 5 站之和）分别为 269.6 亿立方米和 184 万吨，较 1968—2017 年的平均值分别偏小 11% 和 94%。

2018 年丹江口水库出库径流量和输沙量（丹江口大坝、中线调水的渠首陶岔闸和清泉沟闸三个出库口水沙量之和）分别为 372.6 亿立方米和 0.819 万吨，其中大坝出库控制站黄家港站年径流量为286.0亿立方米，陶岔闸出库口和清泉沟闸出库口的输沙量忽略不计。与1968—2017年的出库水沙多年平均值比较，2018年出库径流量偏大12%，出库输沙量偏小98%。

2. 水库淤积量

在不考虑区间来沙量及忽略陶岔闸和清泉沟闸输沙量的情况下，2018年丹江口库区泥沙淤积量为183万吨，水库排沙比接近0。1968—2018年水库泥沙累积淤积量为14.2亿吨。

（三）溪洛渡水库

溪洛渡水电站位于四川省雷波县和云南省永善县境内金沙江干流上，以发电为主，兼有防洪、拦沙和改善下游航运条件等综合效益，2007年11月开始工程截流，2013年5月开始蓄水运用，水库正常蓄水位600米，防洪限制水位560米。

1. 水库淤积量

2017年11月至2018年10月，溪洛渡库区地形实测泥沙淤积量为7668万立方米，其中干流库区淤积量为7290万立方米，主要支流淹没区淤积量为378万立方米。2008年2月至2018年10月间，溪洛渡水库干、支流共淤积泥沙量为5.559亿立方米，其中干流库区淤积量为5.328亿立方米，主要支流淹没区淤积量为0.231亿立方米；在死水位540米以下的泥沙淤积量占总淤积量的84%，占水库死库容的9%。

2. 水库典型断面冲淤变化

溪洛渡水库蓄水运用以来，库区泥沙主要淤积在对坪镇以下的常年回水区，尤其是宽河段和弯曲河段附近。库区干流河段断面形态主要呈U形和V形，断面变化主要表现为主河槽的淤积抬高，如JX80断面，深泓最大淤高28米。溪洛渡水库典型断面冲淤变化见图1-19。

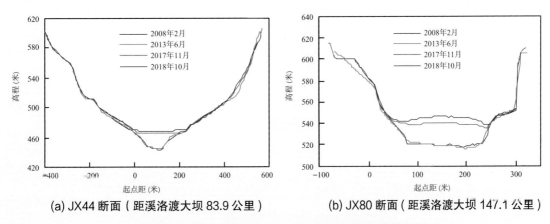

(a) JX44断面（距溪洛渡大坝83.9公里）　　(b) JX80断面（距溪洛渡大坝147.1公里）

图1-19　溪洛渡水库典型断面冲淤变化

五、重要泥沙事件

（一）长江干流河道和洞庭湖区、鄱阳湖区采砂以及疏浚砂综合利用

2018 年长江干流河道内共行政许可实施采砂 44 项，实际完成采砂总量约 1301 万吨。其中，长江上游（宜昌以上）河道 8 项，采砂总量约 135 万吨，主要发生在重庆市，多用于建筑砂料；长江中下游（宜昌以下）河道 36 项，采砂总量约 1166 万吨，包括湖北省 12 项、江苏省 17 项和上海市 7 项，对应采砂量约分别为 144 万吨、788 万吨和234 万吨，多用于吹填造地等其他砂料。2018 年鄱阳湖区行政许可实施采砂共 2 项，实际完成采砂量约 478 万吨；洞庭湖区未实施行政许可采砂。

2018 年长江干流疏浚砂综合利用共计 13 项，疏浚砂利用总量约 8900 万吨。其中，航道疏浚砂综合利用 11 项，疏浚砂利用量约 5867 万吨；河道疏浚砂综合利用 2 项，疏浚砂利用量约 3033 万吨。长江上游（宜昌以上）河道 6 项，疏浚砂利用量约 13 万吨，主要发生在重庆市；长江中下游（宜昌以下）河道 7 项，疏浚砂利用量约 8887 万吨，包括湖北省 3 项、江苏省 3 项和上海市 1 项，对应的疏浚砂利用量约分别为 74 万吨、3638 万吨和 5175 万吨。

（二）金沙江白格发生山体滑坡形成堰塞湖

2018 年 10 月 10 日 22 时，西藏自治区昌都市江达县波罗乡白格村境内金沙江右岸发生山体滑坡，滑坡体堵塞金沙江并形成堰塞湖 [图 1-20(a)]。堰塞体沿河长约 2000米，宽约 450 ～ 700 米，整体呈左高右低之势，右侧垭口高程 2931.4 米，堰塞体高度61 ～ 100 米，总方量约 2500 万立方米。12 日 17 时 15 分开始自然过流，13 日 0 时 45分堰塞湖最大蓄水量约 2.9 亿立方米，6 时溃坝洪峰达 10000 立方米 / 秒，14 时 30 分基本退至基流。

2018 年 11 月 3 日，"10·10"白格山体滑坡的残余体下滑，堵塞泄流槽后，在原残余堰塞体基础上再次形成堰塞湖 [图 1-20(b)]。堰塞体顶垭口宽约 195 米，长约 273米，高程约 2966 米，较"10·10"堰塞湖坝顶高程高 30 余米。8—11 日，现场组织 18台工程机械开挖了一条长 220 米、顶宽 42 米、底宽 3 米、最大深度 15 米的泄流槽。12 日 10 时 50 分泄流槽开始过流，13 日 14 时堰塞湖坝前最高水位 2956.40 米、蓄水量 5.78亿立方米，13 日 18 时溃坝洪峰达 31000 立方米 / 秒（超万年一遇），14 日 8 时退至基流。

2018 年金沙江上游两次山体滑坡形成的堰塞湖疏通过流后，大量泥沙石块被携带至下游，使下游水文控制站巴塘站和石鼓站输沙量分别增大约 1450 万吨和 1440 万吨，增加量分别为 2001—2017 年平均输沙量的 74% 和 47%。据测算，滑坡点附近及其下游河道内仍有较多的沙石滞留，将继续影响下游附近河道。但是，由于金沙江中游梨园等水电站的拦沙作用，金沙江上游两次山体滑坡未对攀枝花站的输沙量造成明显影响，对三峡入库泥沙未产生影响。

(a) 10 月 10 日

(b) 11 月 3 日

图 1-20　2018 年金沙江白格发生山体滑坡形成堰塞湖

内蒙古河段冰凌开河

第二章　黄河

一、概述

2018 年黄河干流主要水文控制站实测径流量与多年平均值比较，各站偏大 14%～51%；与近 10 年平均值比较，各站偏大 38%～87%；与上年度比较，各站增大 57%～273%。2018 年实测输沙量与多年均值比较，唐乃亥站和兰州站分别偏大 77% 和 52%，头道拐站基本持平，其他站偏小 52%～62%；与近 10 年平均值比较，各站偏大 100%～331%；与上年度比较，各站增大 187% 以上。

2018 年黄河主要支流水文控制站实测径流量与多年平均值比较，洮河红旗站偏大 38%，泾河张家山站和渭河华县站基本持平，其他站偏小 18%～82%；与近 10 年平均值比较，皇甫川皇甫站偏小 28%，无定河白家川站和延河甘谷驿站基本持平，其他站偏大 16%～55%；与上年度比较，白家川站减小 17%，窟野河温家川站和甘谷驿站基本持平，其他站增大 33%～805%。2018 年实测输沙量与多年平均值比较，各站偏小 11%～98%；与近 10 年平均值比较，皇甫站和甘谷驿站偏小 55% 和 13%，白家川站基本持平，其他站偏大 32%～302%；与上年度比较，白家川站减小 77%，其他站增大 45% 以上。

2017 年 10 月至 2018 年 10 月，内蒙古河段典型水文站断面除头道拐站断面淤积外，其他站断面均冲刷；黄河下游河道总体表现为冲刷，冲刷量为 0.631 亿立方米。2018 年黄河下游河道引水量为 100.4 亿立方米，引沙量为 1800 万吨。

2017 年 10 月至 2018 年 10 月，三门峡水库库区表现为冲刷，总冲刷量为 1.017 亿立方米；小浪底水库库区表现为淤积，总淤积量为 1.145 亿立方米。

重要泥沙事件包括 2018 年黄河干流大流量持续时间长，河道形态普遍得到改善；万家寨水库和小浪底水库汛期排沙量为运用以来最大。

二、径流量与输沙量

（一）2018 年实测水沙特征值

1. 黄河干流

2018 年黄河干流主要水文控制站实测水沙特征值与多年平均值、近 10 年平均值及 2017 年值的比较见表 2-1 和图 2-1。

2018 年黄河干流主要水文控制站实测径流量与多年平均值比较，各站偏大 14%～51%，其中艾山、利津、唐乃亥和头道拐各站分别偏大 14%、14%、45% 和 51%；与近 10 年平均值比较，各站偏大 38%～87%，其中唐乃亥、兰州、头道拐和利

表 2-1　黄河干流主要水文控制站实测水沙特征值对比表

水文控制站		唐乃亥	兰 州	头道拐	龙 门	潼 关	花园口	高 村	艾 山	利 津
控制流域面积 （万平方公里）		12.20	22.26	36.79	49.76	68.22	73.00	73.41	74.91	75.19
年径流量 （亿立方米）	多年平均	200.6 (1950—2015年)	309.2 (1950—2015年)	215.0 (1950—2015年)	258.1 (1950—2015年)	335.5 (1952—2015年)	373.0 (1950—2015年)	331.6 (1952—2015年)	330.9 (1952—2015年)	292.8 (1952—2015年)
	近 10 年平均	211.3	312.1	190.3	207.2	259.1	281.2	256.8	232.5	178.3
	2017 年	186.1	255.5	127.9	146.7	197.7	193.5	167.0	142.2	89.58
	2018 年	291.5	441.8	324.9	341.2	414.6	448.0	410.1	376.3	333.8
年输沙量 （亿吨）	多年平均	0.119 (1956—2015年)	0.633 (1950—2015年)	1.00 (1950—2015年)	6.76 (1950—2015年)	9.78 (1952—2015年)	8.36 (1950—2015年)	7.49 (1952—2015年)	7.23 (1952—2015年)	6.74 (1952—2015年)
	近 10 年平均	0.105	0.223	0.474	1.24	1.66	0.863	1.11	1.20	1.05
	2017 年	0.073	0.089	0.188	1.07	1.30	0.058	0.187	0.209	0.077
	2018 年	0.211	0.960	0.997	3.24	3.73	3.44	3.15	3.17	2.97
年平均 含沙量 （千克/立方米）	多年平均	0.592 (1956—2015年)	2.05 (1950—2015年)	4.67 (1950—2015年)	26.2 (1950—2015年)	29.1 (1952—2015年)	22.4 (1950—2015年)	22.6 (1952—2015年)	21.8 (1952—2015年)	23.0 (1952—2015年)
	2017 年	0.391	0.347	1.47	7.29	6.58	0.300	1.12	1.47	0.860
	2018 年	0.724	2.17	3.07	9.54	9.01	7.68	7.68	8.42	8.89
年平均 中数粒径 （毫米）	多年平均	0.017 (1984—2015年)	0.016 (1957—2015年)	0.016 (1958—2015年)	0.026 (1956—2015年)	0.021 (1961—2015年)	0.019 (1961—2015年)	0.020 (1954—2015年)	0.021 (1962—2015年)	0.019 (1962—2015年)
	2017 年	0.012	0.011	0.026	0.019	0.014	0.034	0.040	0.058	0.020
	2018 年	0.011	0.014	0.029	0.023	0.015	0.016	0.013	0.013	0.012
输沙模数 [吨/(年·平方公里)]	多年平均	97.3 (1956—2015年)	284 (1950—2015年)	273 (1950—2015年)	1360 (1950—2015年)	1430 (1952—2015年)	1150 (1950—2015年)	1020 (1952—2015年)	965 (1952—2015年)	896 (1952—2015年)
	2017 年	59.7	39.8	51.1	215	191	7.95	25.5	27.9	10.2
	2018 年	173	431	271	651	547	471	429	423	395

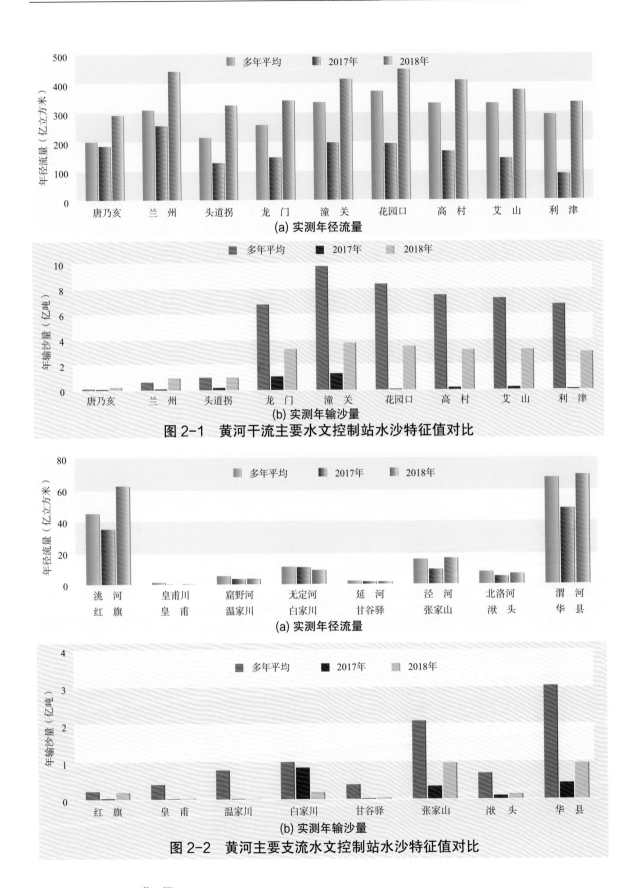

(a) 实测年径流量

(b) 实测年输沙量

图 2-1 黄河干流主要水文控制站水沙特征值对比

(a) 实测年径流量

(b) 实测年输沙量

图 2-2 黄河主要支流水文控制站水沙特征值对比

津各站分别偏大 38%、42%、71% 和 87%；与上年度比较，各站增大 57%～273%，其中唐乃亥、兰州、艾山和利津各站增大 57%、73%、165% 和 273%。

2018 年黄河干流主要水文控制站实测输沙量与多年平均值比较，唐乃亥站和兰州站分别偏大 77% 和 52%，头道拐站基本持平，其他站偏小 52%～62%，其中艾山、利津和潼关各站分别偏小 56%、56% 和 62%；与近 10 年平均值比较，各站偏大 100%～331%，其中唐乃亥、头道拐、花园口和兰州各站分别偏大 100%、110%、299% 和 331%；与上年度比较，各站增大 187% 以上，其中潼关站和唐乃亥站分别增大 187% 和 190%，下游各站上年度输沙量较小，2018 年增大比例较大。

2. 黄河主要支流

2018 年黄河主要支流水文控制站实测水沙特征值与多年平均值、近 10 年平均值及 2017 年值的比较见表 2-2 和图 2-2。

表 2-2　黄河主要支流水文控制站实测水沙特征值对比表

河　流		洮河	皇甫川	窟野河	无定河	延河	泾河	北洛河	渭河
水文控制站		红旗	皇甫	温家川	白家川	甘谷驿	张家山	㳇头	华县
控制流域面积（万平方公里）		2.50	0.32	0.85	2.97	0.59	4.32	2.56	10.65
年径流量（亿立方米）	多年平均	45.10 (1954—2015年)	1.275 (1954—2015年)	5.280 (1954—2015年)	11.07 (1956—2015年)	2.023 (1952—2015年)	15.73 (1950—2015年)	7.877 (1950—2015年)	67.40 (1950—2015年)
	近10年平均	40.27	0.312	2.927	9.230	1.602	10.94	5.610	52.95
	2017年	35.13	0.0248	3.424	10.75	1.627	9.351	4.892	47.91
	2018年	62.46	0.2245	3.535	8.895	1.555	16.40	6.496	69.10
年输沙量（亿吨）	多年平均	0.215 (1954—2015年)	0.394 (1954—2015年)	0.782 (1954—2015年)	1.00 (1956—2015年)	0.387 (1952—2015年)	2.09 (1950—2015年)	0.690 (1956—2015年)	3.03 (1950—2015年)
	近10年平均	0.048	0.038	0.010	0.199	0.047	0.656	0.090	0.574
	2017年	0.024	0.000	0.008	0.849	0.015	0.342	0.092	0.429
	2018年	0.192	0.017	0.013	0.193	0.041	0.963	0.133	0.954
年平均含沙量（千克/立方米）	多年平均	4.76 (1954—2015年)	309 (1954—2015年)	148 (1954—2015年)	90.6 (1956—2015年)	191 (1952—2015年)	133 (1950—2015年)	87.6 (1956—2015年)	44.9 (1950—2015年)
	2017年	0.672	4.48	2.34	79.0	9.16	36.6	18.8	8.95
	2018年	3.07	75.7	3.68	21.7	26.4	58.7	20.5	13.8
年平均中数粒径（毫米）	多年平均		0.041 (1957—2015年)	0.047 (1958—2015年)	0.031 (1962—2015年)	0.027 (1963—2015年)	0.024 (1964—2015年)	0.027 (1963—2015年)	0.017 (1956—2015年)
	2017年		0.007	0.032	0.027	0.016	0.005	0.010	0.017
	2018年		0.016	0.010	0.025	0.024	0.020	0.005	0.010
输沙模数[吨/(年·平方公里)]	多年平均	860 (1954—2015年)	12400 (1954—2015年)	9190 (1954—2015年)	3380 (1956—2015年)	6570 (1952—2015年)	4830 (1950—2015年)	2690 (1956—2015年)	2840 (1950—2015年)
	2017年	94.4	3.47	94.1	2860	253	792	360	403
	2018年	768	531	153	650	695	2230	520	896

2018 年黄河主要支流水文控制站实测径流量与多年平均值比较，洮河红旗站偏大38%，泾河张家山站和渭河华县站基本持平，其他站偏小 18%～82%，其中北洛河洑头、无定河白家川、窟野河温家川和皇甫川皇甫各站分别偏小 18%、20%、33% 和 82%；与近 10 年平均值比较，皇甫站偏小 28%，白家川站和延河甘谷驿站基本持平，其他站偏大 16%～55%，其中洑头、温家川、张家山和红旗各站分别偏大 16%、21%、50% 和 55%；与上年度比较，白家川站减小 17%，温家川站和甘谷驿站基本持平，其他站增大 33%～805%，其中洑头、华县、红旗和皇甫各站分别增大 33%、44%、78% 和 805%。

2018 年黄河主要支流水文控制站实测输沙量与多年均值比较，各站偏小11%～98%，其中红旗、张家山、皇甫和温家川各站分别偏小 11%、54%、96% 和98%；与近 10 年平均值比较，皇甫站和甘谷驿站分别偏小 55% 和 13%，白家川站基本持平，其他站偏大 32%～302%，其中温家川站和红旗站分别偏大 32% 和 302%；与上年度比较，白家川站减小 77%，其他站增大 45% 以上，其中洑头、温家川和红旗各站分别增大 45%、63% 和 700%，而皇甫站上年度输沙量为 0.000 亿吨，2018 年为 0.017 亿吨，增大比例较大。

（二）径流量与输沙量年内变化

2018 年黄河干流主要水文控制站逐月径流量与输沙量见图 2-3。2018 年黄河干流唐乃亥、头道拐、龙门、潼关、花园口和利津各站径流量和输沙量主要集中在 6—11 月，分别占全年的 67%～80% 和 86%～98%。

三、重点河段冲淤变化

（一）内蒙古河段典型断面冲淤变化

黄河石嘴山、巴彦高勒、三湖河口和头道拐各水文站断面的冲淤变化见图 2-4。其中，巴彦高勒站和头道拐站为黄海基面，石嘴山站和三湖河口站为大沽高程。

石嘴山站断面 2018 年汛后与 1992 年同期相比 [图 2-4(a)]，主槽河底冲刷，两侧淤积，高程 1093.00 米以下（汛期历史最高水位以上 0.65 米）断面面积减小 117 平方米（起点距 143～446 米），总体淤积。2018 年汛后与 2017 年同期相比，左岸略有淤积，主槽整体刷深，高程 1093.00 米以下断面面积增大约 42 平方米，总体表现为略有冲刷。

巴彦高勒站断面 2018 年汛后与 2014 年同期相比 [图 2-4(b)]，右岸淤积，主槽整体刷深，高程 1055.00 米以下（汛期历史最高水位以上 0.60 米）断面面积增大 404 平方米，总体冲刷明显。2018 年汛后与 2017 年同期相比，主槽严重刷深，深泓点降低达 4 米，高程 1055.00 米以下断面面积增大约 806 平方米。

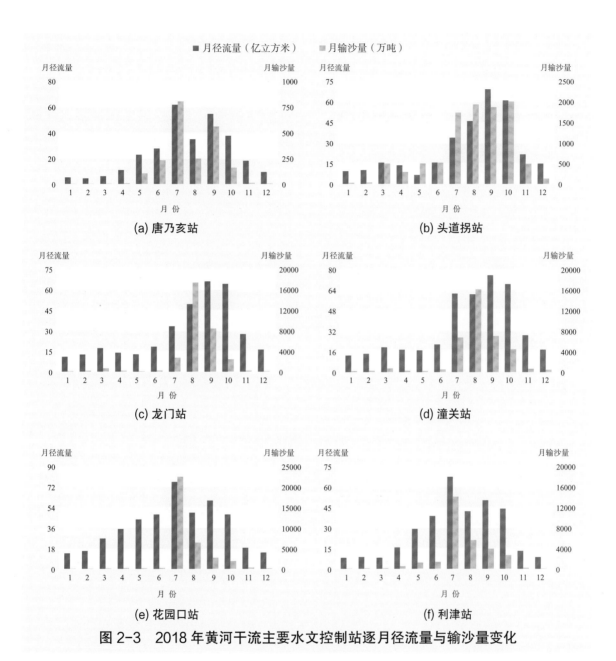

图 2-3　2018 年黄河干流主要水文控制站逐月径流量与输沙量变化

三湖河口站断面 2018 年汛后与 2002 年同期相比 [图 2-4(c)]，主槽左移，断面展宽，冲刷加深，高程 1021.00 米以下（汛期历史最高水位以上 0.19 米）断面面积增大约 539 平方米。2018 年汛后与 2017 年同期相比，主槽略微左移，1021.00 米高程下断面面积增大约 50 平方米，总体表现为冲刷。

头道拐站断面 2018 年汛后与 1987 年同期相比 [图 2-4(d)]，主槽右移，深泓点抬升，高程 991.00 米以下（汛期历史最高水位以上 0.31 米）断面面积减小约 287 平方米。2018 年汛后与 2017 年同期相比，左右岸冲刷，主槽展宽，部分主槽河底抬升，高程 991.00 米以下断面面积减小约 22 平方米，总体略有淤积。

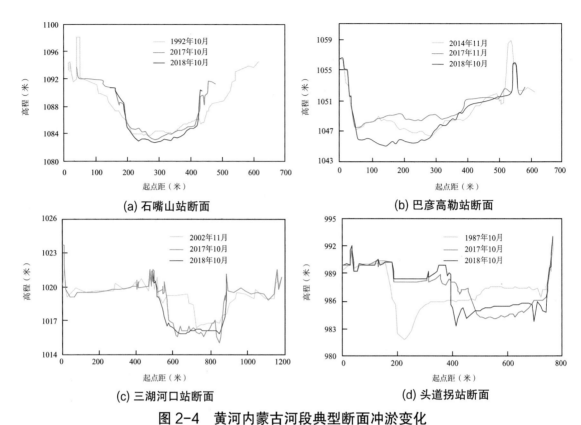

图 2-4　黄河内蒙古河段典型断面冲淤变化

（二）黄河下游河段

1. 河段冲淤量

2017 年 10 月至 2018 年 10 月，黄河下游河道总体冲刷量为 0.631 亿立方米，其中西霞院—花园口河段泥沙淤积量为 0.491 亿立方米，花园口断面以下各河段均表现为冲刷，冲刷量为 1.122 亿立方米，各河段冲淤量见表 2-3。

表 2-3　2017 年 10 月至 2018 年 10 月黄河下游各河段冲淤量

河　段	西霞院—花园口	花园口—夹河滩	夹河滩—高村	高村—孙口	孙口—艾山	艾山—泺口	泺口—利津	合计
河段长度（公里）	112.8	100.8	72.6	118.2	63.9	101.8	167.8	737.9
冲淤量（亿立方米）	＋0.491	－0.119	－0.402	－0.280	－0.056	－0.159	－0.106	－0.631

注　"＋"表示淤积，"－"表示冲刷。

2. 典型断面冲淤变化

黄河下游河道典型断面冲淤变化（大沽高程）见图 2-5。与上年同期相比，2018

年 10 月花园口断面和孙口断面主槽略有淤积；丁庄断面和泺口断面略有冲刷。

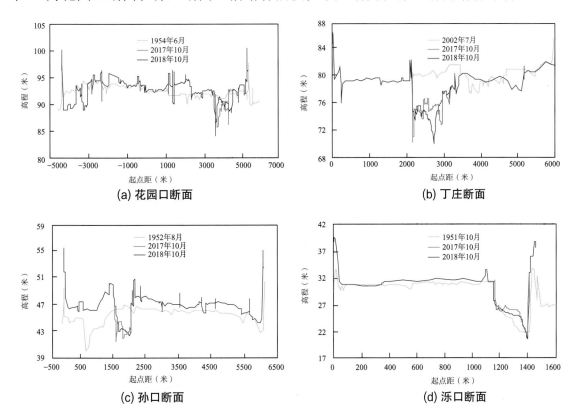

(a) 花园口断面

(b) 丁庄断面

(c) 孙口断面

(d) 泺口断面

图 2-5　黄河下游河道典型断面冲淤变化

3. 引水引沙

根据黄河下游 96 处引水口引水监测和 79 处引水口引沙监测统计，2018 年黄河下游实测引水量为 100.4 亿立方米，实测引沙量为 1800 万吨。其中，西霞院—高村河段引水量和引沙量分别为 33.39 亿立方米和 542 万吨，高村—艾山河段引水量和引沙量分别为 19.43 亿立方米和 345 万吨，艾山—利津河段引水量和引沙量分别为 45.33 亿立方米和 895 万吨。2018 年黄河下游各河段实测引水量与引沙量见表 2-4。

表 2-4　2018 年黄河下游各河段实测引水量与引沙量

河　段	西霞院—花园口	花园口—夹河滩	夹河滩—高村	高村—孙口	孙口—艾山	艾山—泺口	泺口—利津	利津以下	合计
引水量（亿立方米）	6.200	11.82	15.37	9.010	10.42	18.34	26.99	2.240	100.4
引沙量（万吨）	154	109	279	163	182	436	459	13.2	1800

四、重要水库冲淤变化

（一）三门峡水库

1. 水库冲淤量

2017 年 10 月至 2018 年 10 月，三门峡水库库区表现为冲刷，总冲刷量为 1.017 亿立方米。其中，黄河小北干流河段冲刷量为 0.126 亿立方米，干流三门峡—潼关河段冲刷量为 0.894 亿立方米；支流渭河冲刷量为 0.023 亿立方米，北洛河淤积量为 0.026 亿立方米。三门峡水库 2018 年度及多年累积冲淤量分布见表 2-5。

表 2-5　三门峡水库 2018 年度及多年累积冲淤量分布

单位：亿立方米

库　段　＼　时　段	1960 年 5 月至 2017 年 10 月	2017 年 10 月至 2018 年 10 月	1960 年 5 月至 2018 年 10 月
黄淤 1—黄淤 41	+28.368	−0.894	+27.474
黄淤 41—黄淤 68	+22.338	−0.126	+22.212
渭拦 4—渭淤 37	+10.931	−0.023	+10.908
洛淤 1—洛淤 21	+2.942	+0.026	+2.968
合　计	+64.579	−1.017	+63.562

注　1. "+"表示淤积，"−"表示冲刷。
2. 黄淤 41 断面即潼关断面，位于黄河、渭河交汇点下游，也是黄河由北向南转而东流之处；大坝—黄淤 41 即三门峡—潼关河段，黄淤 41—黄淤 68 即小北干流河段；渭河冲淤断面自下而上分渭拦 11、渭拦 12、渭拦 1—渭拦 10 和渭淤 1—渭淤 37 两段布设，渭河冲淤计算从渭拦 4 开始；北洛河自下而上依次为洛淤 1—洛淤 21。
3. 库段的冲淤量数值包括水库库区测量范围内直接或间接受水库回水影响范围内的冲淤量及水库上游自由河段的冲淤量。

2. 潼关高程

潼关高程是指潼关水文站流量为 1000 立方米／秒时潼关（六）断面的相应水位。2018 年潼关高程汛前为 327.98 米，汛后为 328.03 米；与上年度同期相比，汛前降低 0.18 米，汛后升高 0.15 米；与 2003 年汛前和 1969 年汛后历史同期最高高程相比，汛前和汛后分别下降 0.84 米和 0.62 米。

（二）小浪底水库

小浪底水库库区汇入支流较多，平面形态狭长弯曲，总体是上窄下宽。距坝 65 公里以上为峡谷段，河谷宽度多在 500 米以下；距坝 65 公里以下宽窄相间，河谷宽度多在 1000 米以上，最宽处约 2800 米。

1. 水库冲淤量

2017 年 10 月至 2018 年 10 月，小浪底水库库区共淤积泥沙 1.145 亿立方米，其中干流淤积量为 0.461 亿立方米，淤积主要发生在大坝至黄河 9 断面（距坝 11.42 公里）

以及黄河 28 断面（距坝 46.20 公里）至黄河 38 断面（距坝 64.83 公里）之间；支流淤积量为 0.684 亿立方米，淤积主要发生在大峪河和畛水。自 1997 年 10 月小浪底水库截流以来，泥沙淤积主要发生在黄河 38 断面以下的干、支流库段，其淤积量占库区淤积总量的 95%。小浪底水库库区 2018 年度及多年累积冲淤量分布见表 2-6。

表 2-6　小浪底水库库区 2018 年度及多年累积冲淤量分布

单位：亿立方米

库　段	时　段 1997 年 10 月至 2017 年 10 月	2017 年 10 月至 2018 年 10 月			1997 年 10 月至 2018 年 10 月	
		干　流	支　流	合　计	总　计	淤积量比（%）
大坝—黄河 20	+20.263	+0.038	+0.571	+0.609	+20.872	60
黄河 20—黄河 38	+11.780	+0.269	+0.113	+0.382	+12.162	35
黄河 38—黄河 56	+1.740	+0.154	0.000	+0.154	+1.894	5
合　计	+33.783	+0.461	+0.684	+1.145	+34.928	100

注　"+"表示淤积，"−"表示冲刷。

2. 水库库容变化

2018 年 10 月小浪底水库实测 275 米高程以下库容为 92.657 亿立方米，较 2017 年 10 月库容减小 1.145 亿立方米。小浪底水库库容曲线见图 2-6。

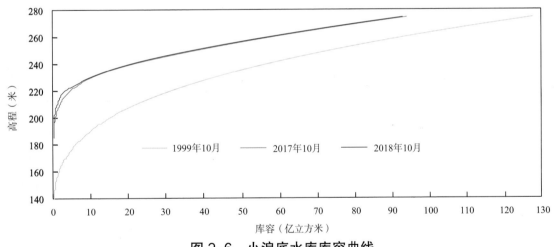

图 2-6　小浪底水库库容曲线

3. 水库纵剖面和典型断面冲淤变化

小浪底水库深泓纵剖面的变化情况见图 2-7。2017 年 11 月，淤积三角洲顶点位于黄河 11 断面（距坝 16.39 公里，深泓点高程为 222.70 米），2018 年 10 月淤积三角洲顶点位移至黄河 6 断面（距坝 7.74 公里，深泓点高程为 213.87 米）；库区河床深泓点最大抬升 9.63 米（黄河 6 断面），最大刷深 6.26 米（黄河 18 断面，距坝 29.35 公里）。

根据 2018 年小浪底水库纵剖面和平面宽度的变化特点，选择黄河 5（距坝 6.54 公里）、黄河 23（距坝 37.55 公里）、黄河 39（距坝 67.99 公里）和黄河 47（距坝 88.54 公里）4 个典型断面说明库区冲淤变化情况，见图 2-8。与 2017 年 10 月相比，2018 年 10 月黄河 5 和黄河 47 断面淤积较多，黄河 23 和黄河 39 断面右侧冲刷，左侧略有淤积。

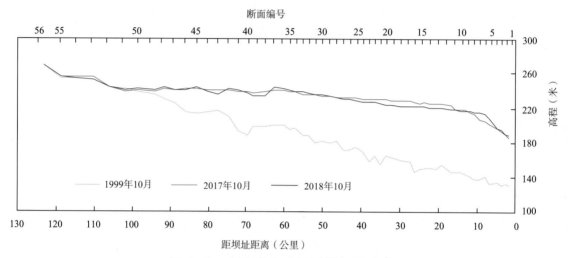

图 2-7 小浪底水库深泓纵剖面变化

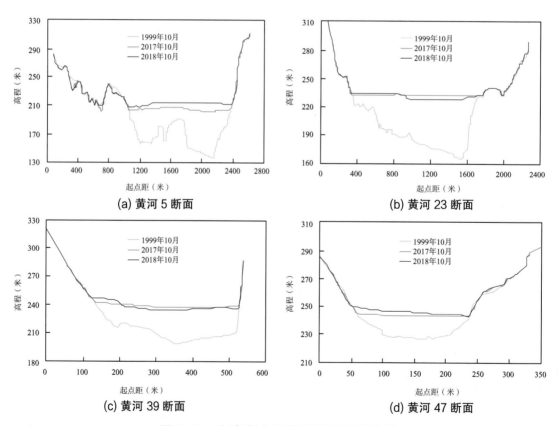

(a) 黄河 5 断面

(b) 黄河 23 断面

(c) 黄河 39 断面

(d) 黄河 47 断面

图 2-8 小浪底水库典型断面冲淤变化

4. 库区典型支流入汇段淤积

以大峪河和畛水作为库区典型支流，大峪河在大坝上游 4.2 公里的黄河左岸汇入黄河，而畛水在大坝上游 17.2 公里的黄河右岸汇入黄河，是小浪底水库库区最大的一条支流。从图 2-9 可以看出，随着干流河底的不断淤积，泥沙进入支流使得大峪河 1 断面从 1999 年开始逐渐抬高，至 2018 年 10 月已淤积抬高 51.43 米；泥沙进入支流使得畛水 1 断面从 1999 年开始逐渐抬高，至 2018 年 10 月已淤积抬高 66.3 米，较 2017 年降低 2.6 米。

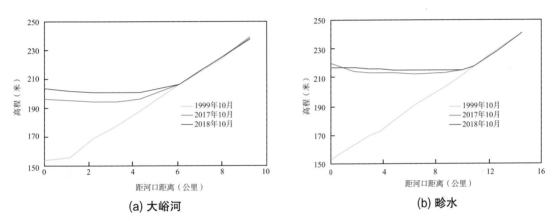

图 2-9　小浪底库区典型支流入汇段深泓纵剖面变化

五、重要泥沙事件

（一）黄河干流大流量持续时间长，河道形态普遍得到改善

2018 年汛期，受降雨影响，黄河上游来水明显偏多，共出现 3 次编号洪水，多站出现建站或近 30～40 年来最大流量，黄河中游山陕区间、泾河和渭河及黄河下游大汶河也出现了明显的洪水过程。黄河干流具有上游编号洪水多、水量大，中下游区域洪水过程明显，致使上中下游 3000 立方米／秒左右大流量过程持续时间长的水情特点。黄河水利委员会抓住上游水库泄洪的有利时机，在控制汛情平稳变化的同时，塑造有利于河道冲刷的洪水过程，实现了上游宁蒙河段绝大部分河道发生冲刷，下游花园口以下各河段均表现为冲刷。黄河上下游河道形态普遍得到改善。

（二）万家寨水库和小浪底水库汛期排沙量为运用以来最大

2018 年 8 月 7—28 日和 9 月 20—29 日，万家寨水库和龙口水库按照排沙调度方案实施了两次联合排沙。按输沙率法计算，8—9 月头道拐站来沙量为 0.38 亿吨，万家寨水库出库沙量为 1.95 亿吨，库区冲刷量为 1.57 亿吨，排沙比为 513%；龙口水库出库沙量为 2.41 亿吨，库区冲刷量为 0.46 亿吨，排沙比为 124%。按断面法计算，5—

10月万家寨水库库区冲刷量为1.57亿立方米。万家寨水库和龙口水库汛期排沙量均为运用以来最大。

2018年汛期小浪底水库排沙量达4.64亿吨，为运用以来最大。其中，7月出库沙量达4.12亿吨，排沙比为240%。2018年7月13日20时小浪底水库坝前水位降至211.77米，水库发生溯源冲刷。小浪底水文站7月14日11时06分实测最大含沙量为452千克／立方米，为水库运用以来最大含沙量。

小浪底水库调水调沙

临淮岗洪水控制工程（孟宪玉　摄）

第三章　淮河

一、概述

2018 年淮河流域主要水文控制站实测径流量与多年平均值比较，淮河干流鲁台子站和蚌埠站分别偏大 9% 和 15%，淮河干流息县、颍河阜阳和沂河临沂各站偏小 12%～40%；与近 10 年平均值比较，临沂站基本持平，其他站偏大 18%～45%；与上年度比较，临沂站增大 10%，其他站减小 8%～42%。

2018 年淮河流域主要水文控制站实测输沙量与多年平均值比较，各站偏小 57%～96%；与近 10 年平均值比较，鲁台子站和蚌埠站分别偏大 9% 和 28%，息县、阜阳和临沂各站偏小 46%～67%；与上年度比较，蚌埠站和阜阳站分别增大 9% 和 206%；息县站和鲁台子站分别减小 74% 和 28%；临沂站 2018 年为 12.3 万吨，上年值为 0.118 万吨。

2018 年淮河干流鲁台子水文站断面和蚌埠水文站断面主河槽略有淤积。

二、径流量与输沙量

（一）2018 年实测水沙特征值

2018 年淮河流域主要水文控制站实测水沙特征值与多年平均值、近 10 年平均值及 2017 年值的比较见表 3-1 和图 3-1。

与多年平均值比较，2018 年淮河干流鲁台子站和蚌埠站实测径流量分别偏大 9% 和 15%，淮河干流息县、颍河阜阳和沂河临沂各站分别偏小 16%、12% 和 40%；与近 10 年平均值比较，2018 年息县、鲁台子、蚌埠和阜阳各站径流量分别偏大 18%、36%、40% 和 45%，临沂站基本持平；与上年度比较，2018 年息县、鲁台于、蚌埠和阜阳各站径流量分别减小 42%、19%、17% 和 8%，临沂站增大 10%。

表 3-1　淮河流域主要水文控制站实测水沙特征值对比表

河　流	淮 河	淮 河	淮 河	颍 河	沂 河
水文控制站	息　县	鲁台子	蚌　埠	阜　阳	临　沂
控制流域面积（万平方公里）	1.02	8.86	12.13	3.52	1.03
年径流量（亿立方米）　多年平均	36.15 (1951—2015年)	213.4 (1950—2015年)	260.4 (1950—2015年)	44.37 (1951—2015年)	20.54 (1951—2015年)
近10年平均	25.61	170.8	215.0	26.77	12.41
2017年	52.32	289.4	362.8	42.06	11.24
2018年	30.23	233.1	300.4	38.83	12.36
年输沙量（万吨）　多年平均	201 (1959—2015年)	764 (1950—2015年)	841 (1950—2015年)	265 (1951—2015年)	198 (1954—2015年)
近10年平均	67.8	193	281	34.7	23.5
2017年	139	292	332	3.69	0.118
2018年	36.8	211	361	11.3	12.3
年平均含沙量（千克/立方米）　多年平均	0.556 (1959—2015年)	0.370 (1950—2015年)	0.332 (1950—2015年)	0.635 (1951—2015年)	0.990 (1954—2015年)
2017年	0.265	0.101	0.091	0.009	0.001
2018年	0.122	0.091	0.121	0.029	0.099
输沙模数［吨/(年·平方公里)］　多年平均	197 (1959—2015年)	86.2 (1950—2015年)	69.3 (1950—2015年)	75.2 (1951—2015年)	192 (1954—2015年)
2017年	136	33.0	27.4	1.05	0.114
2018年	36.1	23.8	29.8	3.21	11.9

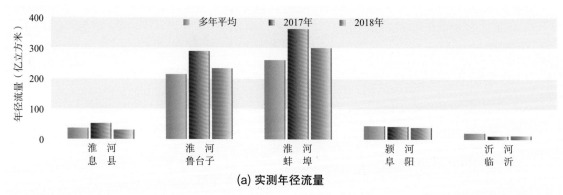

(a) 实测年径流量

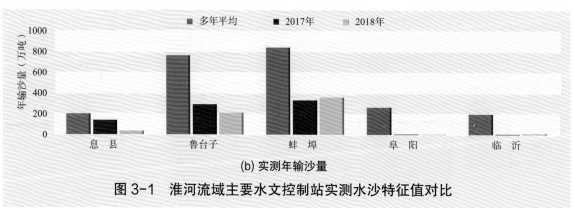

(b) 实测年输沙量

图 3-1　淮河流域主要水文控制站实测水沙特征值对比

与多年平均值比较，2018 年息县、鲁台子、蚌埠、阜阳和临沂各站实测输沙量分别偏小 82%、72%、57%、96% 和 94%；与近 10 年平均值比较，2018 年鲁台子站和蚌埠站输沙量分别偏大 9% 和 28%，息县、阜阳和临沂各站分别偏小 46%、67% 和 48%；与上年度比较，2018 年息县站和鲁台子站输沙量分别减小 74% 和 28%，蚌埠站和阜阳站分别增大 9% 和 206%，临沂站 2018 年为 12.3 吨，上年值为 0.118 吨。

（二）径流量与输沙量年内变化

2018 年淮河流域主要水文控制站逐月径流量与输沙量的变化见图 3-2。2018 年息县、鲁台子、蚌埠和阜阳各站径流量和输沙量主要集中在 3—8 月，分别占全年的 70%～77% 和 90%～100%，输沙量更为集中。临沂站径流量和输沙量皆集中在 8 月，分别占全年的 54% 和 100%。

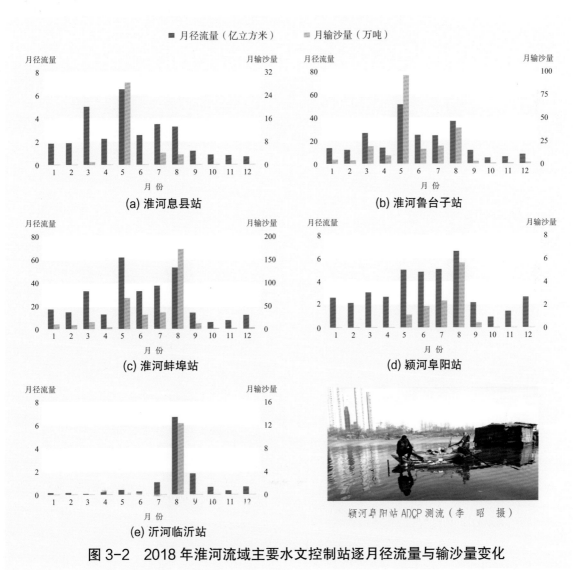

图 3-2　2018 年淮河流域主要水文控制站逐月径流量与输沙量变化

三、典型断面冲淤变化

（一）鲁台子水文站断面

淮河干流鲁台子水文站断面冲淤变化见图3-3（鲁台子站冻结基面以上米数-0.152米＝黄海基面以上米数），在2000年退堤整治后断面右边岸滩大幅拓宽。与2017年相比，2018年鲁台子水文站断面距左岸190～230米和280～330米处的主河槽略有淤积。

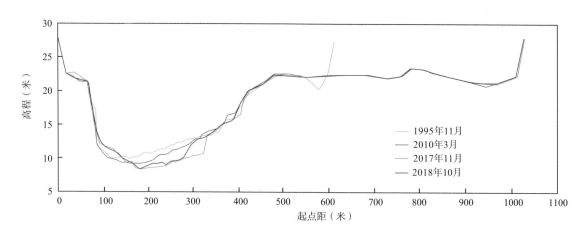

图3-3　鲁台子水文站断面冲淤变化

（二）蚌埠水文站断面

淮河干流蚌埠水文站断面冲淤变化见图3-4（蚌埠站冻结基面以上米数-0.134米＝黄海基面以上米数）。与2017年相比，2018年蚌埠水文站断面主河槽略有淤积。

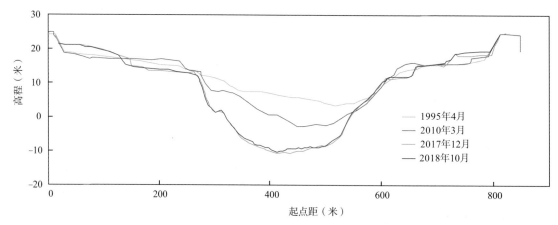

图3-4　蚌埠水文站断面冲淤变化

第四章 海河

一、概述

2018 年海河流域主要水文控制站实测水沙特征值与多年平均值比较，各站年径流量偏小 23%～94%；各站年输沙量偏小 91%～100%。与近 10 年平均值比较，2018 年桑干河石匣里、永定河雁翅、潮河下会和白河张家坟各站径流量偏大 7%～107%，卫河元村集站基本持平，洋河响水堡、海河海河闸和漳河观台各站偏小 25%～64%；石匣里、雁翅、下会和张家坟各站年输沙量偏大 10%～823%，海河闸、观台和元村集各站偏小 22%～100%，响水堡站近 10 年年输沙量均近似为 0。与上年度比较，2018 年石匣里、下会和海河闸各站径流量增大 7%～93%，其他站减小 7%～74%；石匣里站年输沙量基本持平，观台站和元村集站分别减小近 100% 和 10%，响水堡站和海河闸站仍近似为 0，2018 年雁翅、下会和张家坟各站输沙量分别为 0.067 万吨、6.43 万吨和 4.66 万吨。

二、径流量与输沙量

（一）2018 年实测水沙特征值

2018 年海河流域主要水文控制站实测水沙特征值与多年平均值、近 10 年平均值及 2017 年值的比较见表 4-1 和图 4-1。

与多年平均值比较，2018 年海河流域主要水文控制站实测径流量均偏小，桑干河石匣里、洋河响水堡、永定河雁翅、潮河下会、白河张家坟、海河海河闸、漳河观台和卫河元村集各站分别偏小 63%、94%、17%、23%、54%、57%、89% 和 51%；与近 10 年平均值比较，2018 年石匣里、雁翅、下会和张家坟各站径流量分别偏大 107%、40%、72% 和 7%，响水堡、海河闸和观台各站分别偏小 37%、25% 和 64%，元村集站基本持平；与上年度比较，2018 年石匣里、下会和海河闸各站径流量分别增大 84%、93% 和 7%，响水堡、雁翅、张家坟、观台和元村集各站分别减小 34%、37%、13%、74% 和 7%。

与多年平均值比较，2018 年海河流域主要水文控制站实测输沙量均偏小，石匣里、响水堡、海河闸和观台各站均偏小近 100%，雁翅、下会、张家坟和元村集各站分别偏小 99%、91%、96% 和 97%；与近 10 年平均值比较，2018 年石匣里、雁翅、下会和张家坟各站输沙量分别偏大 18%、10%、823% 和 226%，海河闸站和观台站偏小近 100%，元村集站偏小 22%，响水堡站近 10 年输沙量均近似为 0；与上年度比较，2018 年石匣里站输沙量基本持平，观台站和元村集站分别减小近 100% 和 10%，响水堡站和海河闸站仍近似为 0，2017 年雁翅站实测输沙量仅为 0.005 万吨，下会站和张家坟站近似为 0，2018 年分别为 0.067 万吨、6.43 万吨和 4.66 万吨。

表 4-1　海河流域主要水文控制站实测水沙特征值对比表

河　流		桑干河	洋河	永定河	潮河	白河	海河	漳河	卫河
水文控制站		石匣里	响水堡	雁　翅	下　会	张家坟	海河闸	观　台	元村集
控制流域面积 （万平方公里）		2.36	1.45	4.37	0.53	0.85		1.78	1.43
年径流量 （亿立方米）	多年平均	4.198 (1952—2015年)	3.143 (1952—2015年)	5.521 (1963—2015年)	2.393 (1961—2015年)	4.868 (1954—2015年)	7.921 (1960—2015年)	8.592 (1951—2015年)	14.98 (1951—2015年)
	近 10 年平均	0.7589	0.2945	0.9051	1.074	2.076	4.591	2.705	7.116
	2017 年	0.8519	0.2823	1.996	0.9583	2.556	3.191	3.667	7.908
	2018 年	1.568	0.1860	1.265	1.849	2.219	3.428	0.9636	7.331
年输沙量 （万吨）	多年平均	837 (1952—2015年)	573 (1952—2015年)	11.0 (1963—2015年)	73.9 (1961—2015年)	117 (1954—2015年)	6.62 (1960—2015年)	728 (1951—2015年)	213 (1951—2015年)
	近 10 年平均	2.84	0.000	0.061	0.697	1.43	0.046	45.0	8.11
	2017 年	3.26	0.000	0.005	0.000	0.000	0.000	21.4	7.03
	2018 年	3.35	0.000	0.067	6.43	4.66	0.000	0.000	6.32
年平均 含沙量 （千克/立方米）	多年平均	20.0 (1952—2015年)	18.3 (1952—2015年)	0.199 (1963—2015年)	3.09 (1961—2015年)	2.39 (1954—2015年)	0.084 (1960—2015年)	8.47 (1951—2015年)	1.42 (1951—2015年)
	近 10 年平均	0.374	0.000	0.007	0.065	0.069	0.001	1.66	0.114
	2017 年	0.383	0.000	0.000	0.000	0.000	0.000	0.584	0.089
	2018 年	0.213	0.000	0.005	0.348	0.210	0.000	0.000	0.086
年平均 中数粒径 （毫米）	多年平均	0.028 (1961—2015年)	0.029 (1962—2015年)					0.027 (1965—2015年)	
	2017 年	0.089						0.013	
	2018 年	0.015							
输沙模数 [吨/(年·平方公里)]	多年平均	355 (1952—2015年)	395 (1952—2015年)	2.51 (1963—2015年)	139 (1961—2015年)	137 (1954—2015年)		409 (1951—2015年)	149 (1951—2015年)
	2017 年	1.38	0.000	0.001	0.000	0.000		12.0	4.92
	2018 年	1.42	0.000	0.015	12.1	5.48		0.000	4.42

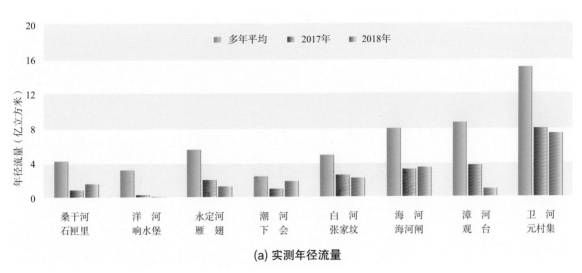

(a) 实测年径流量

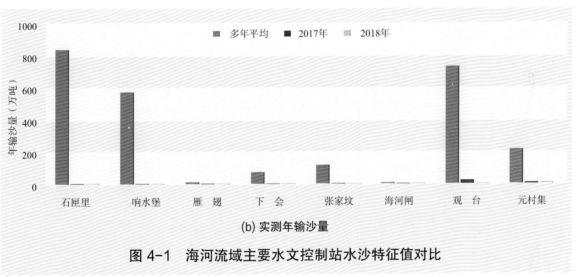

(b) 实测年输沙量

图 4-1　海河流域主要水文控制站水沙特征值对比

（二）径流量与输沙量年内变化

2018 年海河流域主要水文控制站逐月径流量与输沙量的变化见图 4-2。由于上游水库向下游供水、调水等人类活动的影响，2018 年石匣里站和响水堡站汛前或汛后径流量所占比例较大，其中石匣里站 5—6 月和 11—12 月径流量占全年的 72%，响水堡站 11 月径流量占全年的 20%，其他月份较均匀；石匣里站输沙量集中在主汛期 7—8 月，响水堡站受上游水库拦沙影响输沙量近似为 0。受上游下马岭水电站和汛期暴雨洪水的影响，雁翅站径流量主要集中在 6—9 月，占全年的 55%，仅 7—8 月有少量输沙。下会、张家坟、海河闸和观台各站径流量主要集中在主汛期 7—8 月，占全年的 41%～75%；下会站和张家坟站输沙量集中在汛期的 7 月，海河闸站和观台站年输沙量近似为 0。受河南引黄的影响，元村集站径流量和输沙量年内分布较均匀，5—9 月径流量和输沙量分别占全年的 55% 和 81%。

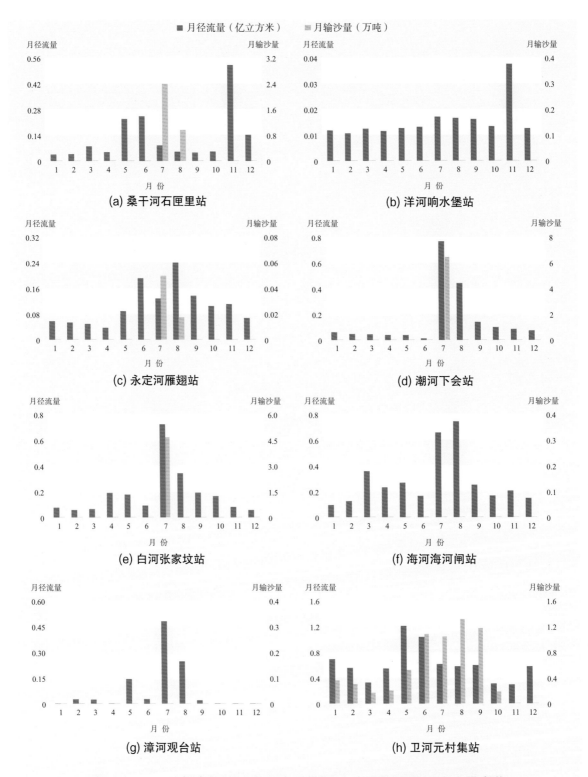

■ 月径流量（亿立方米）　　□ 月输沙量（万吨）

(a) 桑干河石匣里站

(b) 洋河响水堡站

(c) 永定河雁翅站

(d) 潮河下会站

(e) 白河张家坟站

(f) 海河海河闸站

(g) 漳河观台站

(h) 卫河元村集站

图 4-2　2018 年海河流域主要水文控制站逐月径流量与输沙量变化

云南玉溪抚仙湖（陈少波　摄）

第五章　珠江

一、概述

2018 年珠江流域主要水文控制站实测水沙特征值与多年平均值比较，郁江南宁站年径流量偏大 14%，红水河迁江站和浔江大湟江口站基本持平，其他站偏小 8%～35%；各站年输沙量偏小 44%～99%。与近 10 年平均值比较，2018 年迁江、南宁和南盘江小龙潭各站径流量分别偏大 11%、22% 和 36%，大湟江口站和西江梧州站基本持平，其他站偏小 6%～33%；南宁站年输沙量偏大 31%，东江博罗站基本持平，其他站偏小 6%～73%。与上年度比较，2018 年南宁站径流量基本持平，其他站减小 16%～39%；博罗站和南宁站年输沙量分别增大 31% 和 37%，其他站减小 38%～89%。

1985 年以来，天河水文站断面整体表现为冲刷，2018 年断面冲淤变化不大，相对稳定。

二、径流量与输沙量

（一）2018 年实测水沙特征值

2018 年珠江流域主要水文控制站实测水沙特征值与多年平均值、近 10 年平均值及 2017 年值的比较见表 5-1 和图 5-1。

2018 年珠江流域主要水文控制站实测径流量与多年平均值比较，郁江南宁站偏大 14%，红水河迁江站和浔江大湟江口站基本持平，南盘江小龙潭、柳江柳州、西江梧州、西江高要、北江石角和东江博罗各站分别偏小 9%、22%、8%、8%、35% 和 21%；

与近 10 年平均值比较，高要、博罗、柳州和石角各站分别偏小 6%、15%、22% 和 33%，大湟江口站和梧州站基本持平，迁江、南宁和小龙潭各站分别偏大 11%、22% 和 36%；与上年度比较，南宁站基本持平，小龙潭、迁江、柳州、大湟江口、梧州、高要、石角和博罗各站分别减小 30%、19%、39%、24%、25%、24%、27% 和 16%。

表 5-1　珠江流域主要水文控制站实测水沙特征值对比表

河　　　流		南盘江	红水河	柳 江	郁 江	浔 江	西 江	西 江	北 江	东 江
水文控制站		小龙潭	迁 江	柳 州	南 宁	大湟江口	梧 州	高 要	石 角	博 罗
控制流域面积 （万平方公里）		1.54	12.89	4.54	7.27	28.85	32.70	35.15	3.84	2.53
年径流量 （亿立方米）	多年 平均	35.95 (1953—2015 年)	646.6 (1954—2015 年)	393.3 (1954—2015 年)	368.3 (1954—2015 年)	1696 (1954—2015 年)	2016 (1954—2015 年)	2173 (1957—2015 年)	417.1 (1954—2015 年)	231.0 (1954—2015 年)
	近 10 年 平均	24.09	570.3	393.6	343.0	1642	1946	2117	404.1	216.2
	2017 年	46.97	785.8	506.0	434.8	2128	2467	2627	371.8	217.2
	2018 年	32.88	634.4	307.3	419.7	1608	1851	1995	270.5	182.5
年输沙量 （万吨）	多年 平均	448 (1964—2015 年)	3530 (1954—2015 年)	496 (1955—2015 年)	815 (1954—2015 年)	5010 (1954—2015 年)	5570 (1954—2015 年)	5960 (1957—2015 年)	538 (1954—2015 年)	226 (1954—2015 年)
	近 10 年 平均	206	89.3	770	259	1350	1340	1630	459	83.4
	2017 年	425	153	2540	247	2940	2500	3190	200	61.9
	2018 年	194	39.6	276	338	672	606	805	125	81.2
年平均 含沙量 （千克/立方米）	多年 平均	1.20 (1964—2015 年)	0.547 (1954—2015 年)	0.126 (1955—2015 年)	0.221 (1954—2015 年)	0.295 (1954—2015 年)	0.276 (1954—2015 年)	0.268 (1957—2015 年)	0.125 (1954—2015 年)	0.094 (1954—2015 年)
	2017 年	0.905	0.019	0.502	0.057	0.138	0.101	0.121	0.054	0.028
	2018 年	0.590	0.006	0.090	0.081	0.042	0.033	0.040	0.046	0.044
输沙模数 [吨/(年·平方公里)]	多年 平均	291 (1964—2015 年)	274 (1954—2015 年)	109 (1955—2015 年)	112 (1954—2015 年)	174 (1954—2015 年)	170 (1954—2015 年)	170 (1957—2015 年)	140 (1954—2015 年)	89.4 (1954—2015 年)
	2017 年	276	11.9	559	34.0	102	76.5	90.7	52.1	24.4
	2018 年	126	3.07	60.8	46.5	23.3	18.5	22.9	32.6	32.1

2018 年珠江流域主要水文控制站实测输沙量与多年平均值比较，小龙潭、迁江、柳州、南宁、大湟江口、梧州、高要、石角和博罗各站分别偏小 57%、99%、44%、59%、87%、89%、86%、77% 和 64%。与近 10 年平均值比较，南宁站偏大 31%，

博罗站基本持平，小龙潭、迁江、柳州、大湟江口、梧州、高要和石角各站分别偏小 6%、56%、64%、50%、55%、51% 和 73%；与上年度比较，博罗站和南宁站分别增大 31% 和 37%，小龙潭、迁江、柳州、大湟江口、梧州、高要和石角各站分别减小 54%、74%、89%、77%、76%、75% 和 38%。

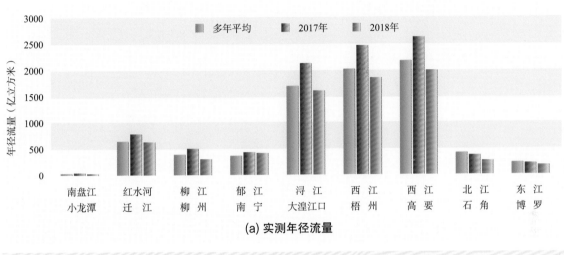

(a) 实测年径流量

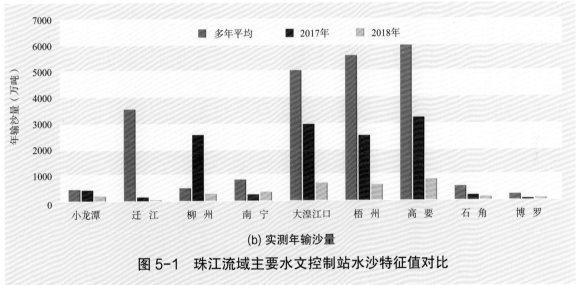

(b) 实测年输沙量

图 5-1　珠江流域主要水文控制站水沙特征值对比

（二）径流量与输沙量年内变化

2018 年珠江流域主要水文控制站逐月径流量与输沙量的变化见图 5-2。珠江流域主要水义控制站径流量与输沙量年内分布不匀，主要集中在 5—10 月，分别占年径流量和输沙量的 60% ~ 78% 和 85% ~ 97%，其中迁江站和博罗站径流量年内分布较均匀。

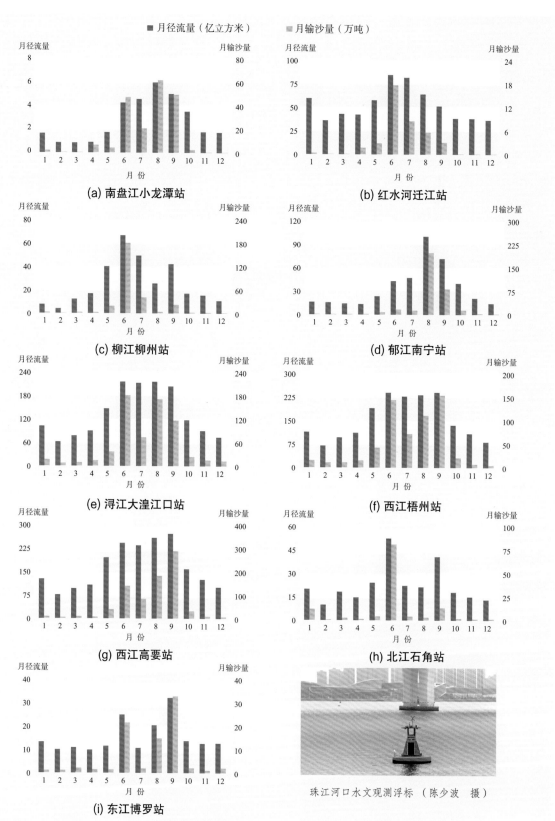

图 5-2　2018 年珠江流域主要水文控制站逐月径流量与输沙量变化

三、典型断面冲淤变化

天河水文站为珠江八大口门中西四口门（磨刀门、鸡啼门、虎跳门、崖门）入海水量监测控制站。天河水文站上游4.0公里处为东海水道分流口，下游1.0公里处有江心洲把主河分为两支，断面距河口约73公里。天河水文站断面的冲淤变化见图5-3（珠江基面）。

1985年以来，天河水文站断面整体表现为冲刷下切。2004年之前，天河水文站断面持续下切，断面形态由偏V形过渡到偏W形，主槽从右岸向左岸迁移，左侧下切，右侧淤积，至2010年，河槽下切扩宽至起点距约1150米处，最大下切幅度达11.36米。与上年比较，2018年断面基本稳定，主槽左侧变化不大，右侧略有下切。

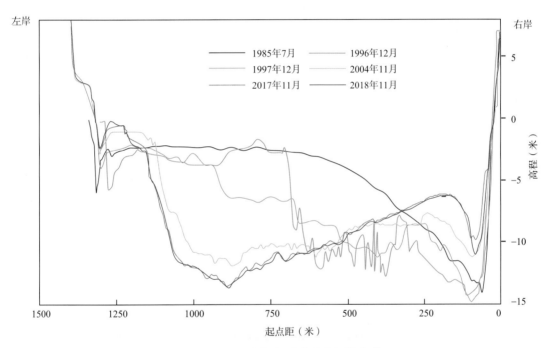

图 5-3　天河水文站断面冲淤变化

松花江下游河段 （王光磊 摄）

第六章 松花江与辽河

一、概述

（一）松花江

2018 年松花江流域主要水文控制站实测径流量与多年平均值比较，嫩江江桥站和干流佳木斯站分别偏大 7% 和 13%，干流哈尔滨站偏小 6%，其他站基本持平；与近 10 年平均值比较，第二松花江扶余站偏小 15%，哈尔滨站基本持平，其他站偏大 12%～19%；与上年度比较，扶余站减小 16%，其他站增大 41%～181%。

2018 年松花江流域主要水文控制站实测输沙量与多年平均值比较，江桥站偏大 11%，嫩江大赉站基本持平，其他站偏小 7%～70%；与近 10 年平均值比较，哈尔滨站和佳木斯站基本持平，其他站偏小 32%～54%；与上年度比较，扶余站减小 65%，其他站增大 67%～355%。

2018 年度嫩江江桥水文站断面右侧冲刷后退，中左部淤积。

（二）辽河

2018 年辽河流域主要水文控制站实测径流量与多年平均值比较，各站偏小 12%～90%；与近 10 年平均值比较，西拉木伦河巴林桥站偏大 14%，其他站偏小 17%～66%；与上年度比较，老哈河兴隆坡站基本持平，其他站减小 9%～69%。

2018 年辽河流域主要水文控制站实测输沙量与多年平均值比较，各站偏小 53%～99%；与近 10 年平均值比较，巴林桥站基本持平，其他站偏小 45%～84%；与上年度比较，兴隆坡站和干流铁岭站分别增大 262% 和 8%，巴林桥站基本持平，柳河新民站和干流六间房站分别减小 94% 和 69%。

2018 年度辽河干流六间房水文站断面未发生较大冲淤变化。

二、径流量与输沙量

（一）松花江

1. 2018 年实测水沙特征值

2018 年松花江流域主要水文控制站实测水沙特征值与多年平均值、近 10 年平均值及 2017 年值的比较见表 6-1 和图 6-1。

表 6-1　松花江流域主要水文控制站实测水沙特征值对比表

河　　流	嫩　江	嫩　江	第二松花江	松花江干流	松花江干流
水文控制站	江　桥	大　赉	扶　余	哈尔滨	佳木斯
控制流域面积（万平方公里）	16.26	22.17	7.18	38.98	52.83
年径流量（亿立方米）多年平均	205.6 (1955—2015 年)	208.4 (1955—2015 年)	147.7 (1955—2015 年)	407.4 (1955—2015 年)	634.0 (1955—2015 年)
年径流量 近 10 年平均	191.8	183.3	163.3	374.0	602.9
年径流量 2017 年	78.20	75.89	166.3	270.9	475.5
年径流量 2018 年	219.7	205.7	139.6	382.1	716.3
年输沙量（万吨）多年平均	218 (1955—2015 年)	170 (1955—2015 年)	198 (1955—2015 年)	590 (1955—2015 年)	1250 (1955—2015 年)
年输沙量 近 10 年平均	352	286	128	299	1210
年输沙量 2017 年	53.0	47.7	168	186	645
年输沙量 2018 年	241	169	58.6	311	1160
年平均含沙量（千克/立方米）多年平均	0.106 (1955—2015 年)	0.081 (1955—2015 年)	0.134 (1955—2015 年)	0.145 (1955—2015 年)	0.197 (1955—2015 年)
年平均含沙量 2017 年	0.068	0.063	0.101	0.069	0.136
年平均含沙量 2018 年	0.110	0.082	0.042	0.081	0.162
输沙模数 [吨/(年·平方公里)] 多年平均	13.4 (1955—2015 年)	7.65 (1955—2015 年)	27.6 (1955—2015 年)	15.1 (1955—2015 年)	23.6 (1955—2015 年)
输沙模数 2017 年	3.26	2.15	23.4	4.77	12.2
输沙模数 2018 年	14.8	7.62	8.16	7.98	22.0

　　2018 年松花江流域主要水文控制站实测径流量与多年平均值比较，嫩江江桥站和松花江干流佳木斯站分别偏大 7% 和 13%，嫩江大赉站和第二松花江扶余站基本持平，松花江干流哈尔滨站偏小 6%；与近 10 年平均值比较，扶余站偏小 15%，哈尔滨站基本持平，江桥、大赉和佳木斯各站分别偏大 15%、12% 和 19%；与上年度比较，扶余站减小 16%，江桥、大赉、哈尔滨和佳木斯各站分别增大 181%、171%、41% 和 51%。

　　2018 年松花江流域主要水文控制站实测输沙量与多年平均值比较，江桥站偏大 11%，大赉站基本持平，扶余、哈尔滨和佳木斯各站分别偏小 70%、47% 和 7%；与近 10 年平均值比较，哈尔滨站和佳木斯站基本不变，江桥、大赉和扶余各站分别偏小 32%、41% 和 54%；与上年度比较，扶余站减小 65%，江桥、大赉、哈尔滨和佳木斯各站分别增大 355%、254%、67% 和 80%。

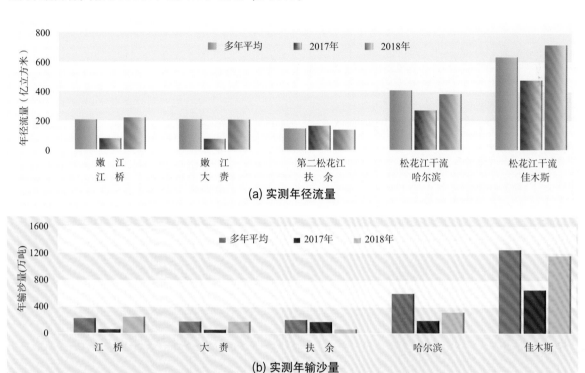

(a) 实测年径流量

(b) 实测年输沙量

图 6-1 松花江流域主要水文控制站水沙特征值对比

2. 径流量与输沙量年内变化

2018 年松花江流域主要水文控制站逐月径流量与输沙量的变化见图 6-2。2018 年松花江流域各站径流量和输沙量主要集中在 7—11 月，分别占全年的 63%～85% 和 62%～94%，其中扶余站径流量和输沙量分布相对均匀，7—11 月站分别占全年的 63% 和 62%。

（二）辽河

1. 2018 年实测水沙特征值

2018 年辽河流域主要水文控制站实测水沙特征值与多年平均值、近 10 年平均值及 2017 年值的比较见表 6-2 和图 6-3。

2018 年辽河流域主要水文控制站实测径流量与多年平均值比较，老哈河兴隆坡、西拉木伦河巴林桥、柳河新民、辽河干流铁岭和六间房各站分别偏小 90%、12%、76%、63% 和 68%；与近 10 年平均值比较，巴林桥站偏大 14%，兴隆坡、新民、铁

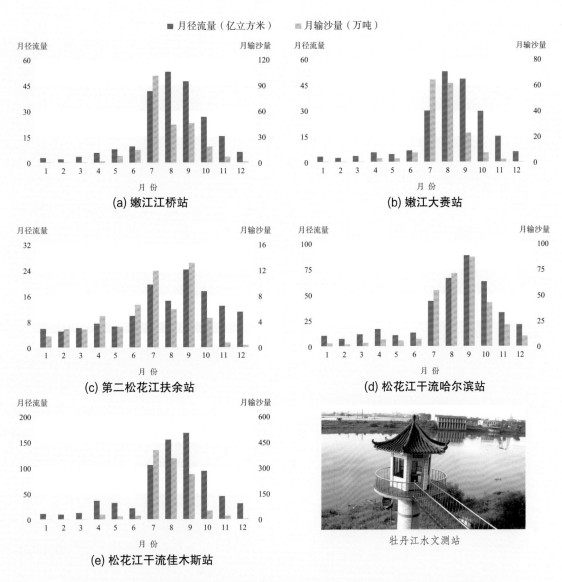

图 6-2　2018 年松花江流域主要水文控制站逐月径流量与输沙量变化

岭和六间房各站分别偏小 17%、35%、55% 和 66%；与上年度比较，兴隆坡站基本持平，巴林桥、新民、铁岭和六间房各站分别减小 9%、69%、33% 和 41%。

2018 年辽河流域主要水文控制站实测输沙量与多年平均值比较，兴隆坡、巴林桥、新民、铁岭和六间房各站分别偏小 99%、53%、95%、97% 和 93%；与近 10 年平均值比较，巴林桥站基本持平，兴隆坡、新民、铁岭和六间房各站分别偏小 45%、65%、68% 和 84%；与上年度比较，兴隆坡站和铁岭站增大 262% 和 8%，巴林桥站基本持平，新民站和六间房站分别减小 94% 和 69%。

表 6-2　辽河流域主要水文控制站实测水沙特征值对比表

河　　　流		老哈河	西拉木伦河	柳　河	辽河干流	辽河干流
水文控制站		兴隆坡	巴林桥	新　民	铁　岭	六间房
控制流域面积（万平方公里）		1.91	1.12	0.56	12.08	13.65
年径流量（亿立方米）	多年平均	4.672（1963—2015年）	3.211（1994—2015年）	2.083（1965—2015年）	29.21（1954—2015年）	29.17（1987—2015年）
	近10年平均	0.5882	2.474	0.7639	23.92	27.57
	2017年	0.5118	3.084	1.592	16.18	15.93
	2018年	0.4883	2.820	0.4987	10.88	9.373
年输沙量（万吨）	多年平均	1260（1963—2015年）	434（1994—2015年）	356（1965—2015年）	1070（1954—2015年）	376（1987—2015年）
	近10年平均	14.1	201	47.1	109	168
	2017年	2.15	207	283	32.1	85.7
	2018年	7.78	205	16.3	34.6	26.9
年平均含沙量（千克/立方米）	多年平均	27.0（1963—2015年）	13.5（1994—2015年）	17.1（1965—2015年）	3.65（1954—2015年）	1.29（1987—2015年）
	2017年	0.420	6.71	17.8	0.199	0.538
	2018年	1.59	7.27	3.27	0.319	0.287
年平均中数粒径（毫米）	多年平均	0.024（1982—2015年）	0.024（1994—2015年）		0.030（1962—2015年）	
	2017年	0.014	0.019		0.016	
	2018年	0.020	0.020		0.022	
输沙模数[吨/（年·平方公里）]	多年平均	660（1963—2015年）	388（1994—2015年）	636（1965—2015年）	88.2（1954—2015年）	27.5（1987—2015年）
	2017年	1.13	185	505	2.66	6.28
	2018年	4.07	183	29.1	2.86	1.97

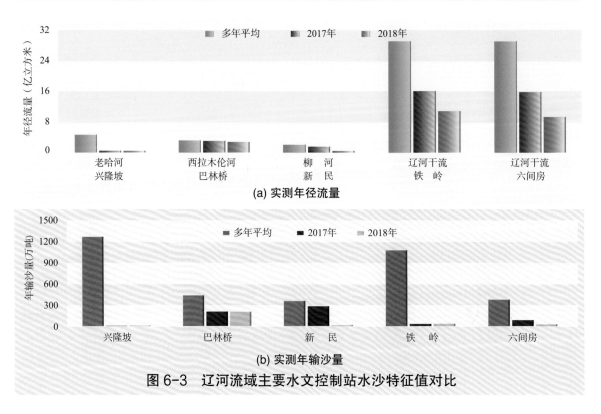

(a) 实测年径流量

(b) 实测年输沙量

图 6-3　辽河流域主要水文控制站水沙特征值对比

2. 径流量与输沙量年内变化

2018 年辽河流域主要水文控制站逐月径流量与输沙量的变化见图 6-4。2018 年辽河流域各水文站径流量与输沙量年内分布差异较大，兴隆坡站径流量分布相对均匀，输沙量最大值出现在 6 月，占全年的 87%；巴林桥、铁岭和六间房各站径流量和输沙量主要集中在 3—9 月，分别占全年的 81%～88% 和 98%，其中 8 月输沙量占全年的 53%～68%；新民站径流量和输沙量主要集中在 8 月，分别占全年的 78% 和 98%。

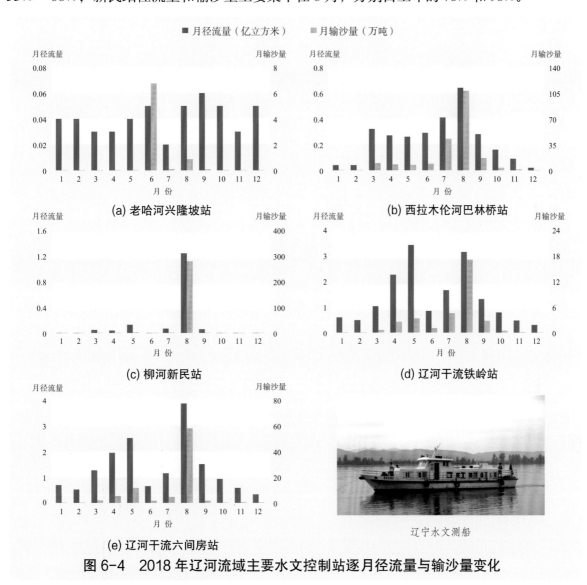

图 6-4　2018 年辽河流域主要水文控制站逐月径流量与输沙量变化

三、典型断面冲淤变化

（一）嫩江江桥水文站断面

嫩江江桥水文站断面河床冲淤变化见图 6-5（大连基面）。与上年度比较，2018

年嫩江江桥站河槽右侧 270～370 米范围冲刷后退，主槽刷深；中左部 400～870 米范围略有淤积。

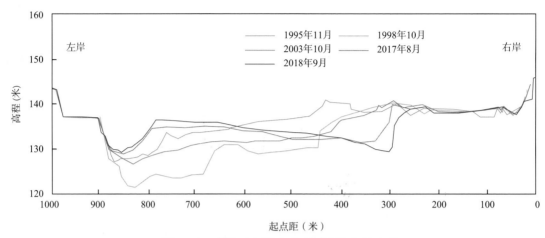

图 6-5 嫩江江桥水文站断面冲淤变化

（二）辽河干流六间房水文站断面

辽河干流六间房水文站断面冲淤变化见图 6-6。自 2003 年以来，辽河六间房水文站断面形态总体比较稳定，滩地冲淤变化不明显；河槽有冲有淤，深泓略有变化，其中 2003—2009 年，主槽略有淤积，左岸发生冲刷，右岸发生淤积；2010 年以后，深泓主槽发生左移，河槽基本稳定。与上年比较，2018 年六间房站断面主槽基本稳定，无明显冲淤变化。

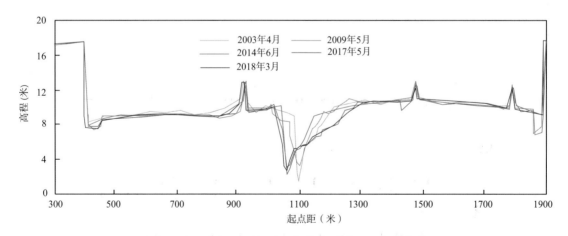

图 6-6 辽河干流六间房水文站断面冲淤变化

第七章 东南河流

一、概述

以钱塘江和闽江作为东南河流的代表性河流。

（一）钱塘江

2018 年钱塘江流域主要水文控制站实测径流量与多年平均值比较，各站偏小25%～51%；与近 10 年平均值比较，各站偏小 31%～43%；与上年度比较，各站减小13%～28%。2018 年钱塘江流域主要水文控制站实测输沙量与多年平均值比较，各站偏小 69%～87%；与近 10 年平均值比较，各站偏小 73%～81%；与上年度比较，各站减小 65%～76%。

2018 年兰江兰溪站断面无明显冲淤变化，断面基本稳定。

（二）闽江

2018 年闽江流域主要水文控制站实测径流量与多年平均值比较，各站偏小31%～48%；与近 10 年平均值比较，各站偏小 24%～54%；与上年度比较，各站减小 23%～45%。2018 年闽江流域主要水文控制站实测输沙量与多年平均值比较，各站偏小 44%～93%；与近 10 年平均值比较，各站偏小 52%～95%；与上年度比较，沙溪沙县（石桥）站增大 20%，其他站减小 44%～61%。

2018 年闽江竹岐水文站断面无明显冲淤变化，断面基本稳定。

二、径流量与输沙量

（一）钱塘江

1. 2018 年实测水沙特征值

2018 年钱塘江流域主要水文控制站实测水沙特征值与多年平均值、近 10 年平均值及 2017 年值的比较见表 7-1 和图 7-1。

表 7-1　钱塘江流域主要水文控制站实测水沙特征值对比表

河　　流		衢　江	兰　江	曹娥江	浦阳江
水文控制站		衢　州	兰　溪	上虞东山	诸　暨
控制流域面积（万平方公里）		0.54	1.82	0.44	0.17
年径流量 （亿立方米）	多年平均	62.49 (1958—2015年)	169.5 (1977—2015年)	39.13 (2012—2015年)	11.85 (1956—2015年)
	近10年平均	68.30	193.5	33.19	13.60
	2017年	62.41	168.4	22.15	10.41
	2018年	46.92	121.3	19.32	7.688
年输沙量 （万吨）	多年平均	103 (1958—2015年)	225 (1977—2015年)	47.4 (2012—2015年)	16.7 (1956—2015年)
	近10年平均	78.8	327	33.0	10.3
	2017年	86.1	293	17.4	7.30
	2018年	21.0	70.7	6.11	2.50
年平均含沙量 （千克/立方米）	多年平均	0.165 (1958—2015年)	0.133 (1977—2015年)	0.121 (2012—2015年)	0.141 (1956—2015年)
	2017年	0.138	0.174	0.078	0.070
	2018年	0.045	0.058	0.032	0.032
输沙模数 [吨/(年·平方公里)]	多年平均	191 (1958—2015年)	124 (1977—2015年)	107 (2012—2015年)	98.0 (1956—2015年)
	2017年	159	161	39.8	42.5
	2018年	38.7	38.8	14.0	14.5

注　1. 经核定，上虞东山站控制流域面积由4459平方公里调整为4370平方公里，相应的多年平均输沙模数和2017年输沙模数作了调整。

　　2. 衢州站近10年平均年径流量和平均年输沙量是2010—2018年的平均值；上虞东山站近10年平均年径流量和平均年输沙量是2012—2018年的平均值。

　　3. 上虞东山站上游汤浦水库管网引水量和曹娥江引水工程引水量未参加径流量计算。

2018年钱塘江流域主要水文控制站实测径流量与多年平均值比较，衢江衢州、兰江兰溪、曹娥江上虞东山和浦阳江诸暨各站分别偏小25%、28%、51%和35%；与近10年平均值比较，上述各站分别偏小31%、37%、42%和43%；与上年度比较，上述各站分别减小25%、28%、13%和26%。2018年钱塘江流域主要水文控制站实测输沙量与多年平均值比较，衢州、兰溪、上虞东山和诸暨各站分别偏小80%、69%、87%和85%；与近10年平均值比较，上述各站分别偏小73%、78%、81%和76%；与上年度比较，上述各站分别减小76%、76%、65%和66%。

2. 径流量与输沙量年内变化

2018年钱塘江流域主要水文控制站逐月径流量与输沙量的变化见图7-2。2018年钱塘江流域主要水文控制站径流量和输沙量主要集中在3—8月，分别占全年的60%～81%和81%～96%，其中上虞东山站和诸暨站月径流量和输沙量年内分布均有双峰，分布相对均匀。

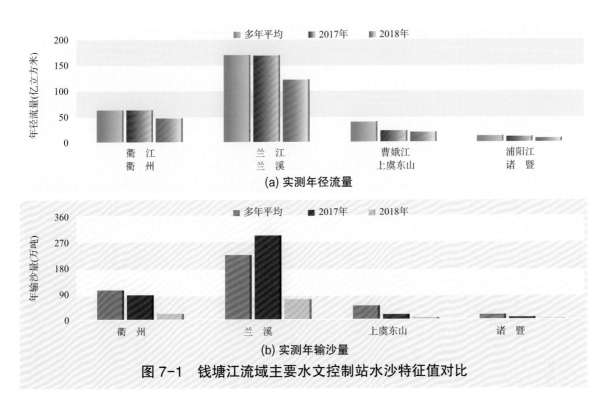

(a) 实测年径流量

(b) 实测年输沙量

图 7-1 钱塘江流域主要水文控制站水沙特征值对比

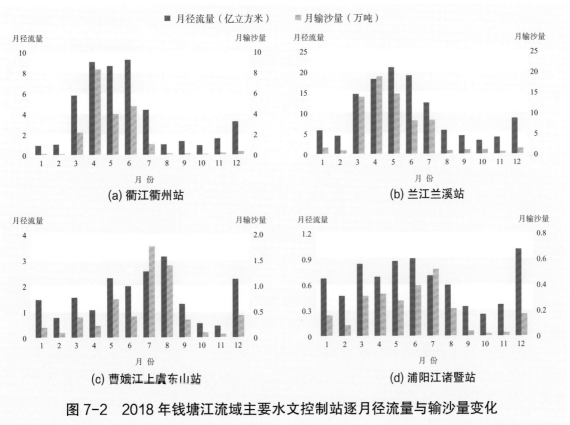

(a) 衢江衢州站

(b) 兰江兰溪站

(c) 曹娥江上虞东山站

(d) 浦阳江诸暨站

图 7-2 2018年钱塘江流域主要水文控制站逐月径流量与输沙量变化

（二）闽江

1. 2018 年实测水沙特征值

2018 年闽江流域主要水文控制站实测水沙特征值与多年平均值、近 10 年平均值及 2017 年值的比较见表 7-2 和图 7-3。

表 7-2　闽江流域主要水文控制站实测水沙特征值对比表

河　　流		闽　江	建　溪	富屯溪	沙　溪	大樟溪
水文控制站		竹　岐	七里街	洋　口	沙县（石桥）	永泰（清水壑）
控制流域面积（万平方公里）		5.45	1.48	1.27	0.99	0.40
年径流量 （亿立方米）	多年平均	536.8 (1950—2015 年)	156.1 (1953—2015 年)	138.5 (1952—2015 年)	92.66 (1952—2015 年)	36.60 (1952—2015 年)
	近 10 年平均	567.6	165.4	158.3	95.88	32.10
	2017 年	501.8	139.1	130.9	89.90	31.66
	2018 年	319.6	82.25	72.50	63.64	24.45
年输沙量 （万吨）	多年平均	546 (1950—2015 年)	147 (1953—2015 年)	129 (1952—2015 年)	106 (1952—2015 年)	52.6 (1952—2015 年)
	近 10 年平均	228	121	279	125	34.6
	2017 年	83.4	43.1	32.2	49.7	15.1
	2018 年	40.5	17.1	12.6	59.7	8.46
年平均含沙量 （千克 / 立方米）	多年平均	0.102 (1950—2015 年)	0.094 (1953—2015 年)	0.092 (1952—2015 年)	0.113 (1952—2015 年)	0.144 (1952—2015 年)
	2017 年	0.017	0.031	0.025	0.055	0.048
	2018 年	0.013	0.021	0.017	0.094	0.035
输沙模数 [吨/（年·平方公里）]	多年平均	100 (1950—2015 年)	100 (1953—2015 年)	102 (1952—2015 年)	107 (1952—2015 年)	131 (1952—2015 年)
	2017 年	15.3	29.1	25.4	50.2	37.4
	2018 年	7.43	11.6	9.95	60.2	21.0

2018 年闽江干流水文控制站竹岐站实测径流量比多年平均值和近 10 年平均值分别偏小 40% 和 44%，比上年度值减小 36%；实测年输沙量比多年平均值和近 10 年平均值分别偏小 93% 和 82%，比上年度值减小 51%。

2018 年闽江流域主要支流水文控制站实测径流量与多年平均值比较，建溪七里街、富屯溪洋口、沙溪沙县（石桥）和大樟溪永泰（清水壑）各站分别偏小 47%、48%、31% 和 33%；与近 10 年平均值比较，上述各站分别偏小 50%、54%、34% 和 24%；与上年度比较，上述各站分别减少 41%、45%、29% 和 23%。2018 年闽江流域主要支流水文控制站实测输沙量与多年平均值比较，七里街、洋口、沙县（石桥）和永泰（清水壑）各站分别偏小 88%、90%、44% 和 84%；与近 10 年平均值比较，上述各站分别偏小 86%、95%、52% 和 76%；与上年度比较，沙县（石桥）站增大 20%，七里街、洋口和永泰（清水壑）各站分别减小 60%、61% 和 44%。

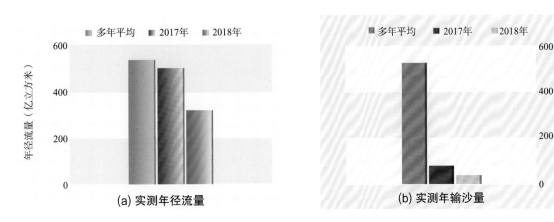

(a) 实测年径流量   (b) 实测年输沙量

图 7-3　闽江干流竹岐站水沙特征值对比

2. 径流量与输沙量年内变化

2018 年闽江干流竹岐站逐月径流量与输沙量变化见图 7-4。2018 年竹岐站径流量和输沙量除 6 月较大外，年内分布总体较均匀。6 月径流量和输沙量分别占全年的 18% 和 38%。

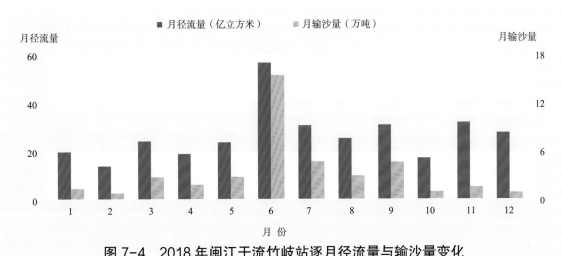

图 7-4　2018 年闽江干流竹岐站逐月径流量与输沙量变化

三、典型断面冲淤变化

（一）兰江兰溪水文站断面

钱塘江流域兰江兰溪水文站断面冲淤变化见图 7-5。与 2017 年相比，2018 年兰江兰溪水文站断面无明显冲淤变化，断面基本稳定。

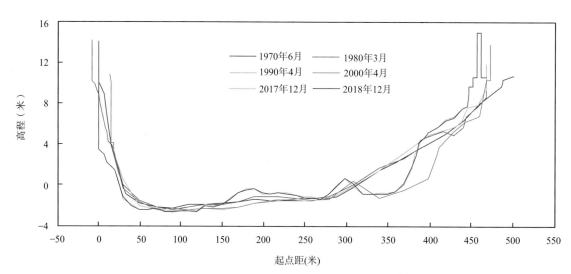

图 7-5 钱塘江流域兰江兰溪水文站断面冲淤变化

（二）闽江干流竹岐水文站断面

闽江干流竹岐水文站断面冲淤变化见图 7-6。与 2017 年相比，2018 年闽江干流竹岐水文站断面无明显冲淤变化，断面基本稳定。

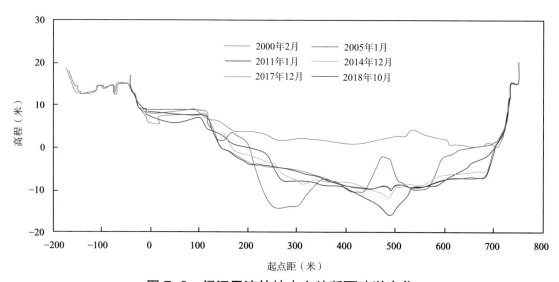

图 7-6 闽江干流竹岐水文站断面冲淤变化

第八章　内陆河流

一、概述

以塔里木河、黑河和青海湖区部分河流作为内陆河流的代表性河流。

（一）塔里木河

2018 年塔里木河流域主要水文控制站实测径流量与多年平均值比较，开都河焉耆站和玉龙喀什河同古孜洛克站分别偏大 12% 和 10%，叶尔羌河卡群站基本持平，阿克苏河西大桥（新大河）站和干流阿拉尔站分别偏小 13% 和 14%；与近 10 年平均值比较，焉耆站偏大 11%，其他站偏小 8%～26%；与上年度比较，各站偏小 8%～43%。

2018 年塔里木河流域主要水文控制站实测输沙量与多年平均值比较，各站偏小 10%～90%；与近 10 年平均值比较，各站偏小 28%～55%；与上年度比较，各站减小 17%～60%。

（二）黑河

2018 年黑河干流莺落峡站和正义峡站实测径流量与多年平均值比较，分别偏大 23% 和 37%；与近 10 年平均值比较，莺落峡站基本持平，正义峡站偏大 10%；与上年度比较，分别减小 14% 和 12%。

2018 年黑河干流莺落峡站和正义峡站实测输沙量与多年平均值比较，分别偏小 67% 和 36%；与近 10 年平均值比较，分别偏小 34% 和 6%；与上年度比较，莺落峡站增大 24%，正义峡站减小 43%。

（三）青海湖区

2018 年青海湖区布哈河布哈河口站和依克乌兰河刚察站实测径流量与多年平均值比较，分别偏大 207% 和 76%；与近 10 年平均值比较，分别偏大 71% 和 27%；与上年度比较，分别增大 43% 和 10%。

2018 年布哈河口站和刚察站实测输沙量与多年平均值比较，分别偏大 290% 和 101%；与近 10 年平均值比较，分别偏大 115% 和 65%；与上年度比较，分别增大 85% 和 192%。

二、径流量与输沙量

（一）塔里木河

1. 2018 年实测水沙特征值

2018 年塔里木河流域主要水文控制站实测水沙特征值与多年平均值、近 10 年平均值及 2017 年值的比较见表 8-1 及图 8-1。

表 8-1　塔里木河流域主要水文控制站实测水沙特征值对比表

河　　流		开都河	阿克苏河	叶尔羌河	玉龙喀什河	塔里木河干流
水文控制站		焉　耆	西大桥（新大河）	卡　群	同古孜洛克	阿拉尔
控制流域面积（万平方公里）		2.25	4.31	5.02	1.46	
年径流量（亿立方米）	多年平均	25.76（1956—2015年）	37.68（1958—2015年）	67.29（1956—2015年）	22.66（1964—2015年）	46.15（1958—2015年）
	近10年平均	25.87	43.82	74.43	27.22	50.06
	2017年	37.63	56.83	80.94	27.10	69.66
	2018年	28.82	32.64	67.14	25.01	39.67
年输沙量（万吨）	多年平均	68.8（1956—2015年）	1730（1958—2015年）	3120（1956—2015年）	1230（1964—2015年）	2090（1958—2015年）
	近10年平均	15.1	1330	3580	1760	1440
	2017年	8.66	2370	3980	1340	1990
	2018年	6.80	951	2450	1110	1040
年平均含沙量（千克/立方米）	多年平均	0.267（1956—2015年）	4.59（1958—2015年）	4.46（1956—2015年）	5.43（1964—2015年）	4.53（1958—2015年）
	2017年	0.023	4.17	4.92	4.94	2.86
	2018年	0.024	2.90	3.65	4.45	2.61
输沙模数[吨/(年·平方公里)]	多年平均			622（1956—2015年）	842（1964—2015年）	
	2017年			792	919	
	2018年			488	762	

注　泥沙实测资料为不连续水文系列。

2018 年塔里木河干流阿拉尔站实测径流量和输沙量与多年平均值比较，分别偏小 14% 和 50%；与近 10 年平均值比较，分别偏小 21% 和 28%；与上年度比较，分别减小 43% 和 48%。

2018 年塔里木河流域四条源流主要水文控制站实测径流量与多年平均值比较，开都河焉耆站和玉龙喀什河同古孜洛克站分别偏大 12% 和 10%，阿克苏河西大桥（新大河）站偏小 13%，叶尔羌河卡群站基本持平；与近 10 年平均值比较，焉耆站偏大

11%，西大桥（新大河）、卡群和同古孜洛克各站分别偏小 26%、10% 和 8%；与上年度比较，焉耆、西大桥（新大河）、卡群和同古孜洛克各站分别减小 23%、43%、17% 和 8%。

2018 年塔里木河流域四条源流主要水文站实测输沙量与多年平均值比较，焉耆、西大桥（新大河）、卡群和同古孜洛克各站分别偏小 90%、45%、21% 和 10%；与近 10 年平均值比较，上述各站分别偏小 55%、28%、32% 和 37%；与上年度比较，上述各站分别减小 21%、60%、38% 和 17%。

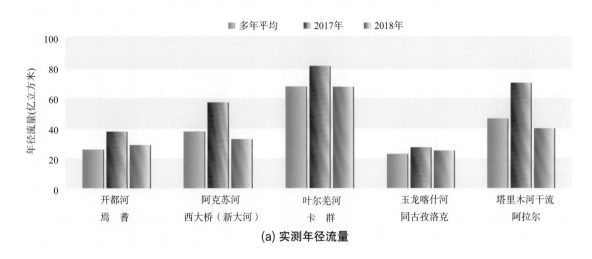

(a) 实测年径流量

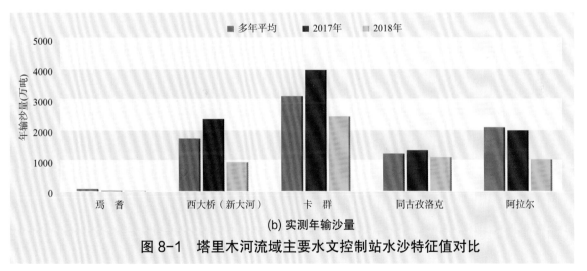

(b) 实测年输沙量

图 8-1 塔里木河流域主要水文控制站水沙特征值对比

2. 径流量与输沙量年内变化

2018 年塔里木河流域主要水文控制站逐月径流量与输沙量的变化见图 8-2。2018 年塔里木河流域主要水文控制站径流量和输沙量主要集中在 5—9 月，分别占全年的 66% ～ 89% 和 96% ～ 100%。其中，焉耆站最大径流量和输沙量出现在 6 月和 7 月，其他站皆出现在 8 月，分别占全年的 16%～45% 和 39%～59%。

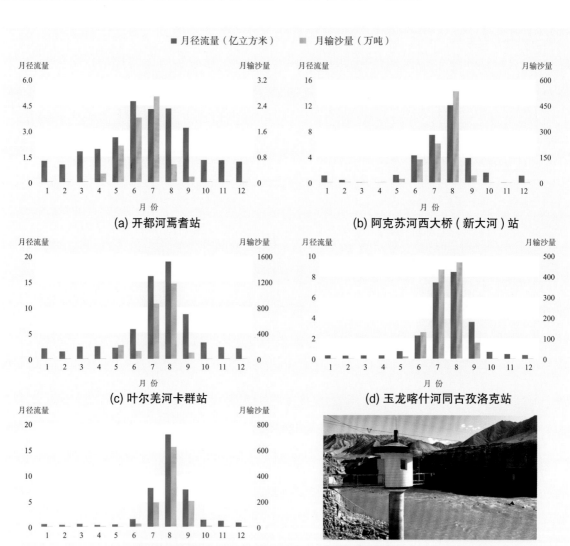

图 8-2 2018 年塔里木河流域主要水文控制站逐月径流量与输沙量变化

（二）黑河

1. 2018 年实测水沙特征值

2018 年黑河干流莺落峡站和正义峡站实测水沙特征值与多年平均值、近 10 年平均值及 2017 年值的比较见表 8-2 及图 8-3。

与多年平均值比较，2018 年莺落峡站和正义峡站实测径流量分别偏大 23% 和 37%；与近 10 年平均值比较，莺落峡站基本持平，正义峡站偏大 10%；与上年度比

较，分别减小 14% 和 12%。2018 年实测年输沙量与多年平均值比较，分别偏小 67%
和 36%；与近 10 年平均值比较，分别偏小 34% 和 6%；与上年度比较，莺落峡站偏大
24%，正义峡站偏小 43%。

表 8-2　黑河干流主要水文控制站实测水沙特征值对比表

水文控制站		莺落峡	正义峡
控制流域面积（万平方公里）		1.00	3.56
年径流量 （亿立方米）	多年平均	16.32 （1950—2015 年）	10.19 （1963—2015 年）
	近 10 年平均	20.45	12.69
	2017 年	23.31	15.87
	2018 年	20.10	14.01
年输沙量 （万吨）	多年平均	199 （1955—2015 年）	139 （1963—2015 年）
	近 10 年平均	99.8	94.2
	2017 年	53.5	154
	2018 年	66.1	88.3
年平均含沙量 （千克 / 立方米）	多年平均	1.22 （1955—2015 年）	1.36 （1963—2015 年）
	2017 年	0.230	0.968
	2018 年	0.330	0.631
输沙模数 [吨 /（年·平方公里）]	多年平均	199 （1955—2015 年）	39.0 （1963—2015 年）
	2017 年	53.5	43.2
	2018 年	66.1	24.8

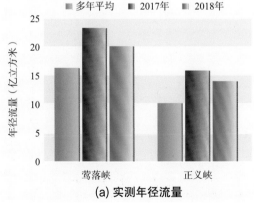

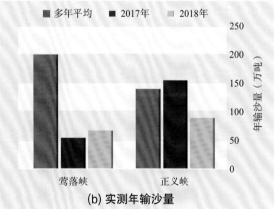

(a) 实测年径流量　　　　　　　　　　(b) 实测年输沙量

图 8-3　黑河干流主要水文站水沙特征值对比

2. 径流量与输沙量年内变化

2018 年黑河干流莺落峡站和正义峡站逐月径流量与输沙量的变化见图 8-4。2018

年黑河干流莺落峡站和正义峡站径流量和输沙量主要集中在 5—10 月，径流量分别占全年的 81% 和 61%，输沙量分别占全年的近 100% 和 84%。

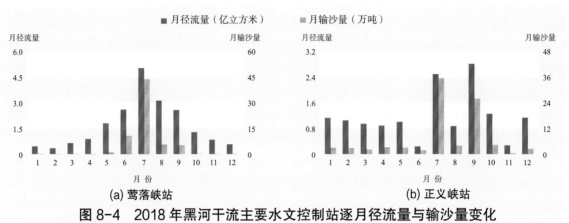

图 8-4　2018 年黑河干流主要水文控制站逐月径流量与输沙量变化

（三）青海湖区

1. 2018 年实测水沙特征值

2018 年青海湖区主要水文控制站实测水沙特征值与多年平均值、近 10 年平均值及 2017 年值的比较见表 8-3 及图 8-5。

表 8-3　青海湖区主要水文控制站实测水沙特征值对比表

河　　流		布哈河	依克乌兰河
水文控制站		布哈河口	刚　察
控制流域面积（万平方公里）		1.43	0.14
年径流量 （亿立方米）	多年平均	8.402 (1957—2015 年)	2.747 (1976—2015 年)
	近 10 年平均	15.08	3.801
	2017 年	18.07	4.401
	2018 年	25.81	4.834
年输沙量 （万吨）	多年平均	36.9 (1966—2015 年)	7.92 (1976—2015 年)
	近 10 年平均	66.9	9.63
	2017 年	77.7	5.45
	2018 年	144	15.9
年平均含沙量 （千克/立方米）	多年平均	0.439 (1966—2015 年)	0.288 (1976—2015 年)
	2017 年	0.429	0.124
	2018 年	0.558	0.329
输沙模数 [吨/(年·平方公里)]	多年平均	25.8 (1966—2015 年)	54.9 (1976—2015 年)
	2017 年	54.2	37.8
	2018 年	100	110

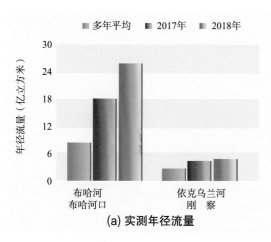

(a) 实测年径流量

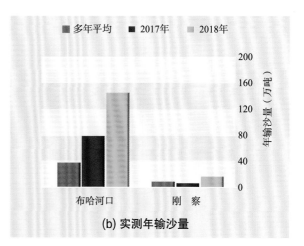

(b) 实测年输沙量

图 8-5　青海湖区主要水文控制站水沙特征值对比

与多年平均值比较，2018 年布哈河布哈河口站实测径流量和输沙量分别偏大207% 和 290%；依克乌兰河刚察站分别偏大 76% 和 101%。与近 10 年平均值比较，2018 年布哈河口站实测径流量和输沙量分别偏大 71% 和 115%；刚察站分别偏大 27% 和 65%。与上年度比较，2018 年布哈河口站实测径流量和输沙量分别增大 43% 和85%；刚察站分别增大 10% 和 192%。

2. 径流量与输沙量年内变化

2018 年青海湖区主要水文控制站逐月径流量与输沙量变化见图 8-6。2018 年青海湖区主要水文控制站径流量和输沙量主要集中在 5—10 月，布哈河口站径流量和输沙量分别占全年的 87% 和近 100%；刚察站分别占全年的 83% 和近 100%。

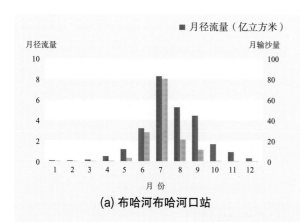

(a) 布哈河布哈河口站

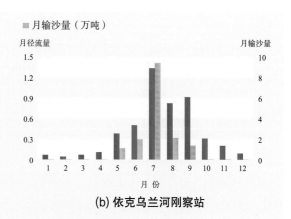

(b) 依克乌兰河刚察站

图 8-6　2018 年青海湖区主要水文控制站逐月径流量与输沙量变化